自然通风湿式冷却塔
节水方法研究

杨岑 著

中国水利水电出版社
www.waterpub.com.cn

·北京·

内 容 提 要

　　基于机组效率高、建造成本低等优点，自然通风湿式冷却塔目前仍是火电厂的主要循环冷却方式。由于循环冷却水与空气的蒸发换热作用，自然通风湿式冷却塔耗水量较大，因此对其节水方法的研究和推广是火电厂节水的关键，对于降低火电厂用水量具有重大的社会与经济意义。本书采用模型试验和数值计算相结合的方法，对适用于自然通风湿式冷却塔的节水方法展开系统地研究，分析影响其节水特性的主要因素，揭示其影响机理。本书共6章，主要研究内容包括：绪论、节水方法、原理性试验研究、数学模型和数值方法、空气冷凝器的数值研究和结论。

　　本书可为火电核电工程相关研究领域的科研人员和工程设计人员提供参考。

图书在版编目（ＣＩＰ）数据

自然通风湿式冷却塔节水方法研究 / 杨岑著. -- 北
京 ： 中国水利水电出版社，2024.5
ISBN 978-7-5226-2392-4

Ⅰ. ①自… Ⅱ. ①杨… Ⅲ. ①冷却塔－工业用水－研
究 Ⅳ. ①TU991.42

中国国家版本馆CIP数据核字（2024）第061602号

书　　名	**自然通风湿式冷却塔节水方法研究** ZIRAN TONGFENG SHISHI LENGQUETA JIESHUI FANGFA YANJIU
作　　者	杨 岑 著
出 版 发 行	中国水利水电出版社 （北京市海淀区玉渊潭南路 1 号 D 座　100038） 网址：www.waterpub.com.cn E-mail：sales@mwr.gov.cn 电话：（010）68545888（营销中心）
经　　售	北京科水图书销售有限公司 电话：（010）68545874、63202643 全国各地新华书店和相关出版物销售网点
排　　版	中国水利水电出版社微机排版中心
印　　刷	北京中献拓方科技发展有限公司
规　　格	170mm×240mm　16 开本　5.75 印张　113 千字
版　　次	2024 年 5 月第 1 版　2024 年 5 月第 1 次印刷
定　　价	**68.00 元**

前言

　　基于机组效率高、建造成本低等优点，自然通风湿式冷却塔目前仍是火电厂的主要循环冷却方式。由于循环冷却水与空气的蒸发换热作用，自然通风湿式冷却塔耗水量较大，因此对其节水方法的研究和推广是火电厂节水的关键，对于降低火电厂用水量具有重大的社会意义与经济意义。本书采用模型试验和数值计算相结合的方法，对适用于自然通风湿式冷却塔的节水方法展开系统研究，分析影响其节水特性的主要因素，揭示其影响机理。

　　首先在国内外研究成果的基础上，依据水蒸气的降温冷凝原理提出了 3 种用于回收自然通风冷却塔蒸发损失的节水装置：气冷型冷凝锥体、水冷型冷凝锥体和空气冷凝器。

　　通过搭建自然通风湿式冷却塔的热态模型试验平台，围绕前述 3 种节水装置开展了原理性试验研究。研究结果表明，3 种节水装置均可有效回收自然通风湿式冷却塔损失的蒸发水；同时研究发现，具有较大冷凝面积的空气冷凝器结构具有更好的节水特性，且其直接采用环境空气作为冷源，建造和安装成本较低，故空气冷凝器的工程应用价值更高。

　　基于空气运动控制方程和水蒸气冷凝模型，建立了用于分析空气冷凝器节水特性的数学模型，并借助 Fluent 软件进行数值计算。构建数值模型时，通过自主编译的用户自定义函数，来反映空气冷凝器表面湿空气凝结过程中复杂的质量和能量变化。

　　将冷却空气—空气冷凝器—湿热空气的耦合流动和传热过程概化为典型的 3 种方式，即横流式、顺流式和逆流式。基于数值计算方法，研究了 3 种流动传热方式空气冷凝器的节水特性、换热特性和阻力特性，分析了湿热空气的相对湿度及其流速、冷却空气流速、空气冷凝器结构的几何尺寸和材质等因素的影响。研究结果表明：空气冷凝器的单位面积节水量随着湿热空气的相对湿度和流速、冷却空气流速以及冷凝器宽度的增大而增大，但随着冷凝器长度和高度的增大而减小；空气冷凝器的表面温度随着湿热空气流速、冷凝器长度和高度的增大而升高，但随着冷却空气流速和冷凝器宽度的增大而降低；空气冷凝器表面的传热传质比随着湿热空气的相对湿度和流速、冷却空气流速以及冷凝器宽度的增大而减小，但随着冷凝器长度和高度的增大而增大；空气冷凝器的阻力系数随着其高度的增大而增大，但随着其宽度的增大而减小。同时研究发现，当空气冷凝器采用铜、铝和不锈钢等金属材质时，其材质和壁厚对其单位面积节水量和表面传热传质比的变化影响不显著；当空气冷凝器采用 PVC 材质时，单位面积节水量会随着其壁厚的增大而略微减小；当壁厚为 1mm 时，采用 PVC 材质时单位面积节水量会比铜降低 9%，但重量会减小 85%，且采用 PVC 材质的成本会显著降低，故空气冷凝器结构建议采用薄壁 PVC 材质。通过对比 3 种流动传热方式空气冷凝器的节水特性，表明相同结构尺寸条件下，横流式空气冷凝器的单位面积节水量最大，逆流式次之，顺流式最小，故工程实际中空气冷凝器结构建议采用横流式的流动和传热方式。

本书写作过程中，得到了中国水利水电科学研究院基础科研专项 HY0145C252018、HY0145C222019、HY0145B012021 和 HY110149-B0012022 的支持，以及中国水利水电科学研究院水力学研究所冷却塔研究室的大力支持和帮助，特此致以衷心的感谢。

受时间和作者水平限制，书中难免存在不妥之处，恳请读者批评指正。

作者

2024 年 1 月

目录

前言

第1章　绪论 ·· 1

　1.1　研究背景及意义 ··· 1

　1.2　研究进展 ·· 3

　1.3　研究内容 ··· 11

第2章　节水方法 ·· 12

　2.1　概述 ··· 12

　2.2　降温冷凝原理 ·· 12

　2.3　自然通风湿式冷却塔节水方法 ·························· 13

　2.4　本章小结 ··· 16

第3章　原理性试验研究 ·· 17

　3.1　概述 ··· 17

　3.2　试验模型设计 ·· 17

　3.3　结果分析与讨论 ·· 29

　3.4　本章小结 ··· 36

第4章　数学模型和数值方法 ···································· 38

　4.1　概述 ··· 38

　4.2　数学模型 ··· 38

　4.3　数值方法及模型验证 ···································· 42

　4.4　本章小结 ··· 45

第5章　空气冷凝器的数值研究 ·································· 46

　5.1　概述 ··· 46

　5.2　横流式空气冷凝器的研究 ································ 47

　5.3　顺流式空气冷凝器的研究 ································ 63

　5.4　逆流式空气冷凝器的研究 ································ 69

　5.5　三种空气冷凝器的对比分析 ······························ 74

　5.6　本章小结 ··· 77

第6章　结论 ··· 79

参考文献 ·· 81

第1章

绪　　论

1.1　研究背景及意义

截至 2016 年年底，我国电力装机总容量为 $1.65 \times 10^9 \mathrm{kW}$，其中火电为 $1.05 \times 10^9 \mathrm{kW}$（占总装机容量的 64%），水电为 $3.3 \times 10^8 \mathrm{kW}$（占总装机容量的 20%），风电为 $1.5 \times 10^8 \mathrm{kW}$（占总装机容量的 9%），光伏发电为 $8.0 \times 10^7 \mathrm{kW}$（占总装机容量的 5%）、核电为 $4.0 \times 10^7 \mathrm{kW}$（仅占总装机容量的 2%）。由于风电和光伏发电的开发利用会受到其可利用小时数的限制，故火电装机容量虽只占总装机容量的 64%，但其发电量却占总发电量的 70% 以上，火电仍将长期是我国能源供应的主要方式。

火电厂发电主要采用以燃煤为主的蒸汽轮机发电工艺（赵顺安，2015），工艺过程如图 1-1 所示。水由锅炉加热为高温高压蒸汽并进入汽轮机做功，做功后的水蒸气（简称"乏汽"）经过凝汽器冷却后凝结为水，再进入锅炉进行加热循环。乏汽冷凝释放出的大量废热由冷却水带走并散于环境水域或大气中。按照工艺原理不同，冷却水系统分为直流供水系统和循环供水系统。直流供水系统多采用已有的江、河、湖泊或海洋作为冷却水源，经过工艺装置后直

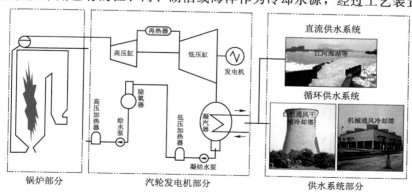

图 1-1　火电厂发电工艺过程

接将废热排放于水域中。由于环境水域热容量限制，目前火电冷却水多采用循环供水系统，其主要工艺流程如下：汽轮机乏汽冷凝释放的热量直接传递给循环冷却水，循环冷却水通过冷却塔将热量排放至大气中，冷却后的循环水再进入凝汽器。当火电厂采用循环供水系统时，循环冷却水的温度高低影响着发电效率，且循环水温度越低，蒸汽轮机的低压端乏汽凝结形成的真空度就越高，发电效率就越高（李秀云 等，1997；江宁 等，2007；王咏虹 等，2008）。为了有效降低循环冷却水温度，就需要利用冷却塔将循环冷却水中的热量在短时间内散发到大气中。

冷却塔是火力发电厂冷端系统的重要组成部分，其可以有效排出凝汽器的废热，使凝结水获得较低的水温，保证汽轮机具有较高的发电效率，是电厂运行中节能、节水、节电和节煤的重要环节。在冷却塔中，循环冷却水的热量可以通过以下 2 种方式散向大气：一种是如图 1-2 所示的空冷系统（Plafalvi，1994；Conradie et al.，1996；邱丽霞 等，2006；徐士民 等，2000）；另一种是如图 1-3 所示的湿冷系统（赵振国，1996；赵顺安，2006）。在空冷系统的冷却塔中，循环冷却水与空气的热交换主要依靠散热器进行，即循环冷却水通过间壁式换热将废热传给空气，由于空冷系统中循环冷却水不与空气直接接触，故循环冷却水在与空气的换热过程中没有蒸发，循环水量不发生改变。所以空冷系统的耗水量小，其机组耗水指标可控制在 $0.2m^3/(s \cdot GW)$ 以下，具有节约水资源的优点；空冷系统中循环水冷却极限是空气的干球温度，蒸汽轮发电机的水蒸气会在较高温度下凝结，汽轮机背压较高（设计背压大于 12kPa），故消耗相同燃煤量时发出的电量较少，设备投资较大，所以空冷系统适合应用于我国水资源短缺的三北地区。在湿冷系统的冷却塔中，循环水直接与空气接触，并通过蒸发换热与接触换热两种方式与空气进行热交换。当循环冷却水与空气之间发生蒸发换热过程时，一部分冷却水蒸发进入到空气里，

（a）自然通风间接空冷塔　　　　　　　　（b）机械通风直接空冷塔

图 1-2　空冷系统的冷却塔

（a）自然通风湿式冷却塔　　　　　　（b）机械通风湿式冷却塔

图 1-3　湿冷系统的冷却塔

同时从循环冷却水中带走汽化潜热。湿冷系统中循环水冷却极限是空气的湿球温度，冷却后的循环水温度可低于空气干球温度，汽轮机的背压低（设计背压不大于 5kPa），机组效率高，湿冷系统的机组基建投资低于空冷系统；但湿冷系统的主要缺点是耗水量较大，且其机组耗水量与火电厂额定功率有关：300MW 以下机组的耗水指标为 $1.0m^3/(s\cdot GW)$；600MW 机组的耗水指标为 $0.8m^3/(s\cdot GW)$；1000MW 机组的耗水指标为 $0.5m^3/(s\cdot GW)$。

　　综上所述，基于机组效率高、基建成本低等优点，湿冷系统冷却塔目前仍是火电厂的主要循环冷却方式。由于循环冷却水与塔内空气的蒸发换热作用，湿冷系统具有较大的耗水量。2016 年我国总发电量为 $5.99\times10^{12}kW\cdot h$，其中火电约占总发电量的 70%，假定采用湿冷系统的装机容量占火电总装机容量的 40%（湿冷机组的发电量约为 $1.68\times10^{12}kW\cdot h$），采用湿冷机组的平均耗水指标 $[0.65m^3/(s\cdot GW)]$ 估算其耗水量，则 2016 年火电所耗淡水量约为 $8.0\times10^9m^3$。由此可见，我国火力发电厂的节水潜力巨大，尤其开展湿冷系统冷却塔的节水改造是火力发电厂节水的关键。因此，湿冷系统冷却塔节水方法的研究和推广对于降低火电厂用水量具有重大的社会意义与经济意义。

1.2　研究进展

1.2.1　湿式冷却塔分类

　　湿冷系统的冷却塔按塔内的通风方式可分为自然通风冷却塔（张东文 等，2016；胡少华 等，2019；陈学宏 等，2020；余兴刚 等，2021；陈瑞 等，2022；张政清 等，2022）和机械通风冷却塔（解明远 等，2018；王为术 等，2023；辛文军 等，2023）。自然通风冷却塔通过塔筒内外空气密度差产生空气流动；机械通风冷却塔主要由风机动力产生空气流动。

目前，火电厂多采用自然通风湿式冷却塔，它能够满足电力行业对冷却塔处理能力大和运行费用低的要求。如图 1-4 所示，自然通风湿式冷却塔主要由塔筒、支撑结构、填料、配水系统、收水器及集水池组成。配水系统是将凝汽器加热的循环冷却水由管道或压力沟送至冷却塔的中央竖井，经由多根分水槽（管）再进入分水槽上设置的配水管，最后由配水管上的喷头将循环冷却水喷洒在其下面的淋水填料上。淋水填料是湿式冷却塔的重要构件，其主要作用是将进入的循环冷却水溅散成细小的水滴或形成薄的水膜，增加循环水与空气的接触面积与接触时间，保证两者进行充分的热质交换（包含接触换热和蒸发换热的传热传质作用）。热质交换后塔内空气温度升高，湿度加大，密度减小，与塔外空气形成密度差；冷却塔高大的塔筒能够将湿热空气与塔外冷空气隔离，保证塔内湿热空气在浮力作用下向上运动，将循环冷却水的热量带向环境大气。循环冷却水经冷却后汇集到集水池内，然后从集水池流到水泵房循环使用。收水器的作用是将冷却塔气流中挟带的水滴与空气分离，减少循环水被空气带走损失。支撑结构用于支撑塔筒、淋水填料、配水装置和收水器等。我国常用火电机组多配置为一机一塔，配套 1000MW 火电机组的自然通风湿式冷却塔采用如下设计参数：淋水面积约 13000m²，塔底直径 150m，塔高 170m 以上。

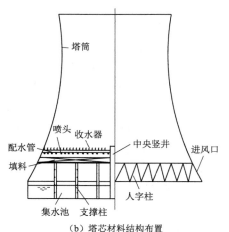

（a）冷却塔外观　　　　　　　　（b）塔芯材料结构布置

图 1-4　自然通风湿式冷却塔示意图

机械通风湿式冷却塔多应用在石油、化工和冶金等行业，与自然通风湿式冷却塔换热原理相同，其主要依靠循环冷却水与空气的热质交换（包含接触换热与蒸发换热）进行冷却。如图 1-5 所示，机械通风湿式冷却塔主要包括风机系统、配水系统、淋水填料、收水器和塔体五大部分。热质交换后的湿热空气在风机作用下排向大气，所以风机风量直接影响冷却塔的冷却效果，且风机效率是影响冷却塔运行费用的关键设计参数。目前，机械通风湿式冷却塔多采用多格（台）冷却塔构成的塔排布置，每台塔的循环水流量为 $3000\sim6000\,m^3/h$，结构平面尺寸约 20m，高度约 15m。

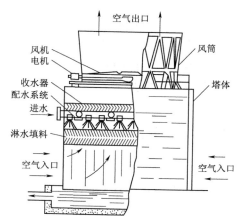

图 1-5 机械通风湿式冷却塔示意图

1.2.2 湿式冷却塔水量损失

对于湿式冷却塔，循环冷却水在塔内与空气进行传热传质冷却过程中，将会产生水量损失。湿式冷却塔的水量损失主要包括蒸发损失、风吹损失和排污损失三个部分（胡成强，2001；华冰，2005；李岚，2005；王晶，2007；李建，2010），如图 1-6 所示。

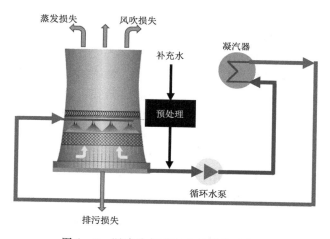

图 1-6 湿式冷却塔的水量损失示意图

（1）蒸发损失。蒸发损失是指循环冷却水在塔内与空气发生热质交换过程中散发到空气中的水量。这部分水损失约为循环水总量的 $1.2\%\sim1.6\%$，是湿式冷却塔的主要耗水量（刘汝青，2008；李雨薇，2015；袁威，2021）。例如配套 1000MW 机组湿式冷却塔的循环冷却水量为 $1.0\times10^5\,m^3/h$，则水蒸气以 $1200\sim1600\,m^3/h$ 的速率散发到大气中。

（2）风吹损失。风吹损失是指循环冷却水在塔内的淋配水过程中，被空气

5

流吹出塔外的小水滴（又称飘滴损失）。当安装有机械收水器时，冷却塔的风吹损失仅占循环冷却水量的 0.01%。

（3）排污损失。循环冷却水在运行过程中不断被蒸发，而水中离子不会随水蒸发而逸出。因此随着蒸发过程的进行，水中的溶解盐不断被浓缩，导致水中的盐分浓度不断加大。为了降低循环水中的盐含量，必须排放一部分冷却水，即为排污损失。

1.2.3　湿式冷却塔节水方法

湿式冷却塔的水量损失受到了国内外学者的高度重视，他们针对冷却塔的节水方法做了大量工作，并取得了相关研究成果（吕扬，2009）。目前，国内外常见的冷却塔节水方法主要包括以下几个方面：①应用空冷技术节水（丁尔谋，1992；邢茂华，2006）；②污水回用作为冷却塔补水（黄德勇 等，2003；许臻 等，2004；曾德勇，等，2004；王德明 等，2010）；③研究更高效的冷却塔，减小系统的循环冷却水量（韩玲，2008；周军，2016）；④利用余热回收技术降低进入冷却塔的循环冷却水温度（Benefiel et al.，2005；唐敏，2019；王睿，2022）；⑤安装高效收水器节水，降低风吹损失（何静，2014）；⑥提高循环冷却水的浓缩倍率，减少排污损失（Martin et al.，1986；Strauss，1991；陈侣湘，2002；赵家敏 等，2006；刘汝青 等，2007）；⑦采用干湿式节水消雾冷却塔，减小蒸发损失（林宏，2002；吴晓敏 等，2007；胡少华 等，2020；陈铁锋 等，2021；张子倩 等，2021）；⑧采用高压静电收水技术，减小风吹损失（王天正 等，1995a，1995b；梁双印 等，1996；宁康红 等，2003；杨昭 等，2004；朱胤杰 等，2018）；⑨采用降温凝结方法回收蒸发水（李芳 等，2005；董京甫，2005；宋阳，2014；王为术 等，2015；倪艳涛 等，2022）。

上述湿式冷却塔节水方法中，采用空冷系统的冷却塔，循环冷却水没有蒸发、风吹和排污损失，可以最大限度地做到节水，但空冷塔的投资费用高和冷却效率低的缺点限制了它的应用范围；利用污水回用作为冷却塔补水，能够加快电厂污水零排放的进程，节约淡水资源，但对于减少冷却塔的蒸发、风吹和排污损失仍不起作用；安装高效收水器和采用高压静电收水技术，能够有效回收冷却塔的风吹损失，但由于风吹损失在冷却塔损失中所占比例较小，可实现节水的空间不大；提高浓缩倍率可有效减少排污损失，但浓缩倍率的提高不是无限的，并且过高的浓缩倍率会增加循环水处理的复杂性和难度，引起设备腐蚀或结垢而造成的损失可能远大于节水所产生的效益。

由于蒸发损失是占湿冷系统冷却塔水量损失份额最重的部分，减少或回收冷却塔蒸发损失可以有效降低湿式冷却塔的耗水量。目前，减少蒸发损失主要有两种思路:一种是增加干式散热器结构,用于承担冷却塔的部分热负荷,从而减小循环冷却水的蒸发量;另一种是对冷却塔的出塔饱和湿热空气进行提前降温,从而使其中部分水蒸气凝结,并回收这部分凝结的水珠从而达到减少蒸发损失的目的。基于上述研究思路,国内外学者分别针对机械通风冷却塔和自然通风冷却塔展开了研究,提出了下述减少冷却塔蒸发损失的节水方法。

1.2.3.1 减少机械通风冷却塔蒸发损失的方法

目前,涉及减少冷却塔蒸发损失的研究工作主要围绕机械通风冷却塔展开,并已广泛投入生产应用,相关节水方法主要包括:干湿式节水消雾冷却塔(黄纪军,2014;赛庆新,2015;李成 等,2018)、马利消雾节水冷却塔(蔡虹 等,2017;高怀荣,2018;温传美 等,2018)和低雾型冷却塔(赵顺安,2015)等。

(1)干湿式节水消雾冷却塔。干湿式节水消雾冷却塔最早出现在 19 世纪 80 年代,我国在 2000 年以前多在东北地区应用干湿式节水消雾冷却塔。当初采用这种冷却塔的主要目的是防止冷却塔出口湿热空气在寒冷季节飘出后即凝结为水,从而减缓冷却塔附近的路面结冰对交通的影响。由于环保意识增强,人们不希望看到在城市及周边冷却塔冒着"白烟"(雾)的现象,干湿式节水消雾冷却塔又重新受到人们重视,这种冷却塔也具节水功能。

图 1-7 为干湿式节水消雾冷却塔的原理图,该种塔是在原机械通风湿式冷却塔收水器上气室的侧墙上安装间壁式散热器,使进入冷却塔的热水首先经过散热器,然后再进入湿式冷却塔的配水系统,通过散热器的空气与热水仅存在接触换热,经过热交换的空气温度升高但含湿量并未增加,因此在气室与经过淋水填料换热的湿热空气混合,使排出冷却塔外的湿热空气相对湿度减小,可达到消除"白烟"(雾)的效果。由于经过散热器的循环水散热量没有发生蒸发,体现了干湿式节水消雾冷却塔的节水性能,其节水效率采用散热器中循环冷却水进出口水温度差与循环冷却水系统总温差的比进行

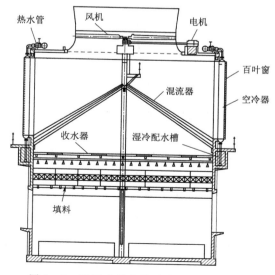

图 1-7 干湿式节水消雾冷却塔的原理图

计算。

目前，干湿式节水消雾冷却塔多用在城市燃气电厂中，其优点是冬季无可见的"白烟"（雾），同时节约了淡水资源，但对于其节水效果尚无定量观测结果；主要缺点是冷却塔的初投资费用和风机运行费用较高。

（2）马利消雾节水冷却塔。马利消雾节水冷却塔是美国马利公司的专利产品，其主要特点是可以回收部分蒸发损失并具有消雾功能。马利消雾节水冷却塔的原理如图1-8所示，在机械通风湿式冷却塔收水器上的气室中安装换热冷凝模块，通过塔外低温冷空气与塔内湿热空气进行间壁式换热，通过热交换塔内湿热空气温度降低，且部分水蒸气凝结为水，回收部分蒸发损失；同时降低了出塔空气的相对湿度，在塔的出口不易形成白雾。马利消雾节水冷却塔的优点是节约淡水资源，同时具有消雾功能；但缺点是冷却塔风机运行费较高。目前，马利消雾节水冷却塔是回收机械通风冷却塔蒸发损失最好的节水方法，我国多应用在宁煤化工项目中。

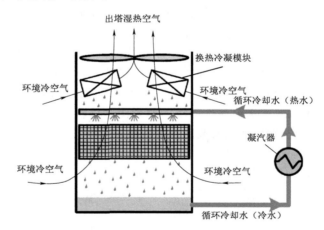

图1-8 马利消雾节水冷却塔的原理图

（3）低雾型冷却塔。低雾型冷却塔是通过对淋水填料进行特别设计，从而加大循环冷却水与空气的蒸发换热比例，进而减少出塔空气中的水蒸气，达到节水和消雾的目的。低雾型冷却塔的原理如图1-9所示，冷却塔采用波纹型片状淋水填料，填料片在顶面处每两片之间封闭，不让循环冷却水流入，此时填料片之间便形成干湿两种通道：干通道由两片顶面封闭的填料片形成，该通道仅可通过干空气，干空气通过填料片与湿通道内的循环水进行接触传热，使空气加热为干热空气；湿通道由未封闭的填料片形成，其内侧可通过干空气和循环水，且空气和水通过蒸发换热和接触换热进行传热传质，使空气变为湿热空气。分别由干湿通道出来的干热空气和湿热空气在出填料后混合，生成不饱和湿热空气并排出冷却塔，这样既不产生白雾，也达到了节水的目的。该节水措施的原理简单，造价不高，但采用此种方法的冷却效率低，占地面积大。

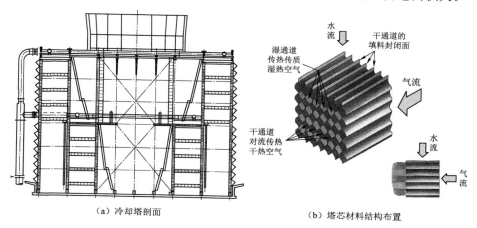

（a）冷却塔剖面　　　　　　　　　（b）塔芯材料结构布置

图 1-9　低雾型冷却塔的原理图

1.2.3.2　减少自然通风冷却塔蒸发损失的方法

目前，涉及减少自然通风冷却塔蒸发损失的研究成果较少，相关节水方法主要包括干湿式联合冷却塔和降温冷凝收水。

（1）干湿式联合冷却塔。王雪莲和张炳文（张炳文 等，2012；王雪莲，2013）将干湿式节水方法应用于自然通风冷却塔中，采用如图 1-10 所示的自然通风干湿式联合冷却塔，即在收水器上方的塔筒侧壁上安装了空冷散热器，循环冷却水首先经过空冷散热器，然后再进入湿式冷却塔的配水系统，由于经过空冷散热器的循环冷却水不与空气发生蒸发换热，故会减少冷却塔的蒸发损失。但采用此种节水措施会降低自然通风冷却塔的冷却效率，增大循环冷却水的水泵扬程，从而增大冷却塔的初投资费用和运行费用。

（2）降温冷凝收水。采用降温冷

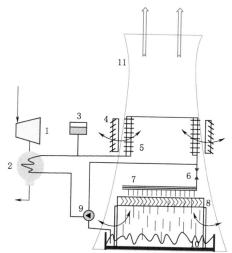

图 1-10　自然通风干湿式联合
冷却塔结构示意图

1—汽轮机；2—表面式凝汽器；3—膨胀水箱；
4—百叶窗；5—空冷散热器；6—分流阀；
7—配水系统；8—淋水填料；9—循环水泵；
10—集水池；11—自然通风干湿式联合冷却塔

凝收水的节水方法，主要是在冷却塔收水器上方降低饱和湿空气的温度，使其中的部分水蒸气凝结，并通过相关装置回收这部分凝结水。

董京甫（2009）采用干冰、液氮、冷水等作为冷凝剂，通过悬吊或固定在冷却塔除水器上方的喷洒装置，将其均匀播撒在冷却塔内部，使收水器上方的湿热水蒸气冷凝成水滴，从而减少冷却塔的蒸发损失，达到节水的目的。喷洒干冰作为冷凝剂可以吸收水蒸气凝结所释放的潜热，但由于干冰吸热直接升华成二氧化碳气体，其密度远大于塔内湿空气密度，增大塔内空气阻力，从而降低冷却塔的冷却效率；喷洒液氮作为冷凝剂，液氮吸热汽化变成氮气，虽然其密度对塔内湿空气密度影响不大，但价格较高的液氮汽化后不能得以循环利用，成本太高，长期使用液氮进行冷凝的这一节水方案也是不现实的。

李芳等（2005）采用如图 1-11 所示的热管技术回收自然通风冷却塔的蒸发损失，其具体做法是将热管放置在冷却塔收水器上方，且将热管的蒸发段置于塔内的湿热空气之中，而热管的冷凝段置于塔外的冷空气之中；利用工质在热管蒸发段内不断地汽化来实现吸热降温，回收湿热空气中的水蒸气，并利用工质在热管冷凝段的凝结相变放热而将热量传输给塔外空气；同时在塔顶出口处和冷却塔外架设聚丙烯网作为回收冷凝水装置，进行冷凝水的回收。这项节水技术目前也仅限于理论分析，昂贵的热管费用以及高空布置回收冷凝水装置，均限制了此项技术的工程可行性。

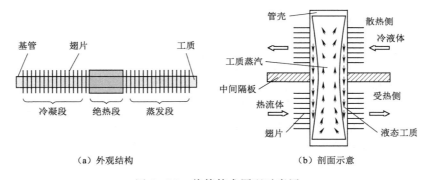

（a）外观结构　　　　　（b）剖面示意

图 1-11　热管技术原理示意图

综上所述，自然通风湿式冷却塔的水量损失主要包括蒸发损失、风吹损失和排污损失，其中蒸发损失是主要水量损失，减少或回收冷却塔蒸发损失可以有效降低湿式冷却塔的耗水量。目前，涉及减少湿式冷却塔蒸发损失的节水方法主要围绕机械通风冷却塔展开，已投入生产应用的节水措施主要包括干湿式节水消雾冷却塔、马利消雾节水冷却塔和低雾型冷却塔等。但由于火电厂多采用自然通风湿式冷却塔，而涉及自然通风冷却塔节水方法的研究成果较少，目前仅限于理论分析的干湿式联合冷却塔和降温冷凝收水的节水措施，均将节水装置置于冷却塔收水器上方，此区域内湿热空气发生降温冷凝必然会影响冷却塔的抽力和正常运行，在工程应用的可行性方面仍存在不足。

1.3　研究内容

本书采用模型试验和数值计算相结合的方法，对适用于自然通风湿式冷却塔的节水方法展开系统研究，分析影响其节水特性的主要因素，揭示其影响机理，旨在探索出一种高效的节水方案。

本书主要包括以下内容：

在国内外研究成果的基础上，依据水蒸气的降温冷凝原理提出适用于自然通风冷却塔的节水方法，用于回收冷却塔的蒸发损失。

通过搭建自然通风湿式冷却塔的热态模型试验平台，围绕所提出的水冷型冷凝锥体、气冷型冷凝锥体和空气冷凝器等 3 种节水装置的原理可行性展开研究，并初步探讨影响其节水特性的主要因素。

基于空气运动控制方程和水蒸气冷凝模型，建立用于分析空气冷凝器节水特性的数学模型。构建数值模型时通过自主编译的用户自定义函数，来反映空气冷凝器表面湿空气凝结过程中复杂的质量和能量变化。

将冷却空气—空气冷凝器—湿热空气的耦合流动和传热过程概化为典型的 3 种方式：横流式、顺流式和逆流式。基于数值计算方法研究 3 种流动传热方式空气冷凝器的节水特性、换热特性和阻力特性，分析湿热空气的相对湿度及其流速、冷却空气流速、空气冷凝器的材质和几何尺寸等因素的影响。

第 2 章

节 水 方 法

2.1　概述

依据第 1 章所阐述的内容，自然通风湿式冷却塔的水量损失主要包括蒸发损失、风吹损失和排污损失，且蒸发损失是占水量损失份额最重的部分，因此减少或回收冷却塔蒸发损失可以有效降低湿式冷却塔的耗水量。目前，减少自然通风冷却塔蒸发损失主要有两种思路：一种是在收水器上方增加干式散热器，采用干湿式联合冷却塔技术来减少循环冷却水的蒸发量；另一种是采用喷洒冷凝剂或热管技术等方法将收水器上方的湿热空气进行冷凝降温，从而使其中部分水蒸气凝结，并回收这部分凝结的水珠从而达到减少蒸发损失的目的。

由于采用干湿式联合冷却塔会降低原有湿式冷却塔的冷却效率，并且会增大冷却塔的初投资和运行费用，故本章将基于水蒸气的降温冷凝原理来提出适用于自然通风冷却塔的节水方法。

2.2　降温冷凝原理

图 2-1 给出了不同相对湿度条件下空气含湿量随干球温度的变化。由图 2-1 可以看出，在空气含湿量不变条件下（图中虚线表示湿空气的等湿变化过程），当空气温度降低时，其相对湿度增大，当相对湿度高于 100% 时空气发生过饱和并产生凝结现象，并把相对湿度达到 100% 时对应的干球温度称为该状态下空气的露点温度。

湿空气凝结是一种复杂的热量和质量传递过程，一般认为当湿空气遇到低于其露点温度的环境时，就会有水蒸气发生凝结。水蒸气的凝结可以分为以下两个过程 (Comini et al.，2007)：首先是湿空气与冷壁面接触的温降过程，其次当空气温度降至其露点温度以下时在冷壁面开始发生水蒸气凝结。目前，湿空气冷凝相变过程广泛存在于石油化工、除湿系统 (Ghiaassiaan，2008)、

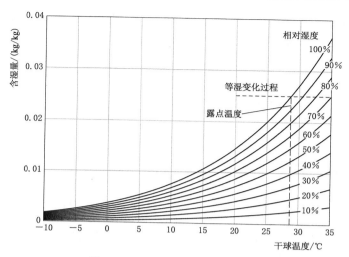

图 2-1 湿空气含湿量特性曲线

供热通风与空气调节系统（又称 HVAC 系统）（Threlkeld，1970）、冷却塔乏汽处理和锅炉烟气回收（贾力 等，2000；李胜利，2011）等领域。

2.3 自然通风湿式冷却塔节水方法

由于空气与循环水之间的蒸发换热作用，自然通风湿式冷却塔收水器至冷却塔出口之间的塔内空气为接近饱和的湿热空气。基于水蒸气的降温冷凝原理，需在收水器至冷却塔出口之间设置低温冷凝结构，用于回收自然通风冷却塔的蒸发损失。当冷凝结构表面温度低于塔内湿热空气的露点温度时，塔内湿热空气就会发生水蒸气凝结，从而减少自然通风湿式冷却塔的蒸发损失，降低自然通风湿式冷却塔的耗水量。

当低温冷凝结构放置在冷却塔收水器上方时，水蒸气冷凝会降低塔内的含湿量，增大塔内空气密度，从而影响自然通风冷却塔的抽力和正常运行。因此冷凝结构宜布置在自然通风冷却塔的出口上方，如图 2-2 所示。

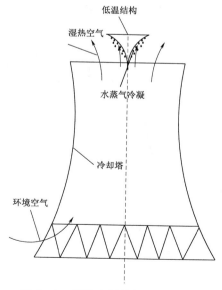

图 2-2 低温冷凝结构的布置方式

为了回收自然通风冷却塔的蒸发损失,本书设计了两种低温冷凝结构:图 2-3 所示的冷凝锥体和图 2-4 所示的空气冷凝器。

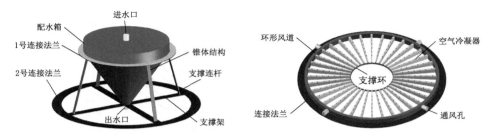

图 2-3　冷凝锥体结构示意图　　　　　图 2-4　空气冷凝器结构示意图

为了实现冷凝结构表面的水蒸气凝结,需保证冷凝结构表面温度比出塔空气的露点温度低,故需要为冷凝结构设置额外冷源。冷凝锥体的冷源可以采用水或空气等低温流体;空气冷凝器的冷源宜采用低温空气。根据结构形式和冷源特征的不同,本书将采用 3 种节水装置用于回收自然通风湿式冷却塔的蒸发损失,分别为气冷型冷凝锥体、水冷型冷凝锥体和空气冷凝器。

(1)气冷型冷凝锥体设计。如图 2-5 所示,气冷型冷凝锥体采用如下设计:采用塔外环境空气作为节水装置的冷源;利用抽风式轴流风机为冷源提供动力;在锥体壁面内侧预设流道,需保证冷却空气能够流至整个锥体壁面;依靠冷却空气与锥体壁面的对流换热作用来降低锥体结构温度,保证其壁面温度低于出塔空气的露点温度。

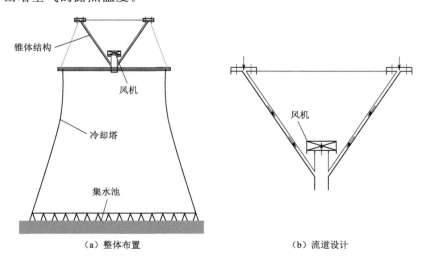

(a)整体布置　　　　　　　　　　(b)流道设计

图 2-5　气冷型冷凝锥体设计

（2）水冷型冷凝锥体设计。如图 2-6 所示，水冷型冷凝锥体采用如下设计：采用冷却塔集水池的低温冷却水作为冷源；利用水泵为低温冷却水提供动力；在锥体壁面内侧预设流道，需保证低温冷却水能够流至整个锥体壁面；依靠低温冷却水与锥体壁面的对流换热作用来降低锥体结构温度，保证其壁面温度低于出塔空气的露点温度。由于采用集水池的低温水作为冷源时，在一定程度上提高了冷却塔的出塔水温，从而降低了冷却塔的热力特性，因此水冷型冷凝锥体可采用其他低温水源。

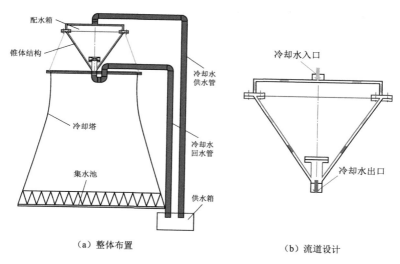

（a）整体布置　　　　　　　（b）流道设计

图 2-6　水冷型冷凝锥体设计

（3）空气冷凝器设计。空气冷凝器采用如下设计：采用塔外环境空气作为冷源；设置多个鼓风风机为冷源提供动力；设置如图 2-7 所示的环形空气汇

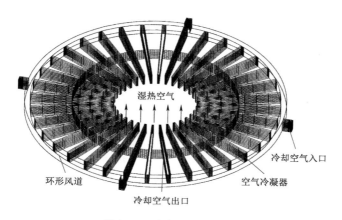

图 2-7　空气冷凝器设计

流结构，保证冷却空气均匀分配至不同空气冷凝器中；依靠低温冷却空气与冷凝器壁面的对流换热降低其壁面温度。

2.4　本章小结

　　本章在国内外研究成果的基础上，依据水蒸气的降温冷凝原理给出了适用于回收自然通风冷却塔蒸发损失的节水方法。为了有效回收蒸发损失且不影响自然通风冷却塔的正常运行，可以在自然通风冷却塔出口上方设置水冷型冷凝锥体、气冷型冷凝锥体和空气冷凝器。后续工作将围绕这 3 种节水装置，通过原理性试验和数值模拟方法展开研究。

第 3 章

原 理 性 试 验 研 究

3.1　概述

第 2 章基于水蒸气的降温冷凝原理，给出了用于回收自然通风冷却塔蒸发损失的节水方法。本章将通过模型试验方法，对水冷型锥体、气冷型锥体和空气冷凝器的原理可行性展开研究，并对其节水特性进行初步评估。

本章的原理性试验将依据某自然通风冷却塔的实际运行情况来搭建热态试验模型，并在冷却塔模型的出口加装不同节水装置；通过分析出塔空气在不同装置表面的凝结情况来初步评估其节水特性。

3.2　试验模型设计

3.2.1　相似率选择

为了反映原型自然通风湿式冷却塔的热力阻力特性，需保证冷却塔模型与原型满足几何相似、运动相似以及动力相似（邬田华 等，2011）。要使模型和原型的运动和动力完全相似，需使模型与原型的雷诺数、欧拉数和密度弗氏数均相等，此时需要模型的几何比尺为 1 才可满足，即模型与原型结构的几何尺寸一致，此时就失去了模型试验研究的意义。采用模型试验方法解决问题时，可以考虑流体运动中的主要控制力来选择模型相似律，在一定程度上可反映原型结构中的流动特性。由于自然通风冷却塔中塔内气流的流动是由浮力作用产生的，所以要准确模拟塔内空气的运动和动力特性，需要采用密度弗氏数相似准则。

若采用密度弗氏数相似准则，冷却塔模型空气的密度弗氏数与模型相等，即

$$
\begin{cases}
F_{\Delta m} = F_{\Delta p} \\[2mm]
\dfrac{\upsilon_{am}}{\sqrt{\dfrac{\Delta\rho_{am}}{\rho_{aim}} g_m H_{em}}} = \dfrac{\upsilon_{ap}}{\sqrt{\dfrac{\Delta\rho_{ap}}{\rho_{aip}} g_p H_{ep}}}
\end{cases}
\tag{3-1}
$$

式中：$F_{\Delta m}$ 和 $F_{\Delta p}$ 分别为模型和原型空气的密度弗氏数；υ_{am} 和 υ_{ap} 分别为模型和原型的空气流速，m/s；$\Delta\rho_{am}$ 和 $\Delta\rho_{ap}$ 分别为模型和原型的进出塔空气密度变化值，kg/m^3；ρ_{aim} 和 ρ_{aip} 分别为模型和原型的进塔空气密度，kg/m^3；g_m 和 g_p 分别为模型和原型的重力加速度，m/s^2；H_{em} 和 H_{ep} 分别为模型和原型的有效高度，m。

假定冷却塔模型与原型的进出塔空气温度和含湿量保持一致，即

$$
\begin{cases}
\dfrac{\Delta\rho_{am}}{\rho_{am}} = \dfrac{\Delta\rho_{ap}}{\rho_{ap}} \\[2mm]
g_m = g_p
\end{cases}
\tag{3-2}
$$

则试验模型中塔内空气的流速和流量比尺为

$$
\begin{cases}
\lambda_{\upsilon a} = \dfrac{\upsilon_{ap}}{\upsilon_{am}} = \sqrt{\dfrac{H_{ep}}{H_{em}}} = \sqrt{\lambda_L} \\[2mm]
\lambda_{Qa} = \dfrac{Q_{ap}}{Q_{am}} = \lambda_A \lambda_{\upsilon a} = \lambda_L^2 \sqrt{\lambda_L} = \lambda_L^{2.5}
\end{cases}
\tag{3-3}
$$

式中：λ_L、$\lambda_{\upsilon a}$、λ_A 和 λ_{Qa} 分别为试验模型的几何比尺、空气的流速比尺、面积比尺和空气的流量比尺；Q_{am} 和 Q_{ap} 分别为模型和原型的空气流量，m^3/h；其他符号意义同前。

冷却塔中空气与循环水之间传递的热量为

$$
\begin{cases}
G_m \cdot \Delta i = Q_m \cdot \Delta t \cdot c_w \\[2mm]
G_m = \rho_{ad} Q_{ad}, \quad Q_m = \rho_w Q_w
\end{cases}
\tag{3-4}
$$

式中：G_m 为干空气质量流量，kg/h；Δi 为进出塔空气的焓差，kJ/kg；ρ_{ad} 为干空气密度，kg/m^3；Q_{ad} 为干空气的流量，m^3/h；Q_m 为循环水质量流量，kg/h；Δt 为进出塔水温差，℃；c_w 为循环水的定压比热，$kJ/(kg \cdot ℃)$；ρ_w 为循环水的密度，kg/m^3；Q_w 为循环水的流量，m^3/h。

假定模型与原型冷却塔的进出塔空气焓值以及进出塔水温差保持不变，则循环水流量和加热功率比尺分别为

$$
\lambda_{Qw} = \dfrac{Q_{wp}}{Q_{wm}} = \lambda_{Qa} = \lambda_L^{2.5}
\tag{3-5}
$$

$$
\lambda_{Ww} = \dfrac{W_{wp}}{W_{wm}} = \dfrac{Q_{wp}}{Q_{wm}} = \lambda_L^{2.5}
\tag{3-6}
$$

式中：λ_{Qw} 为循环水的流量比尺；Q_{wm} 和 Q_{wp} 分别为模型和原型的循环水流

量，m^3/h；λ_{Ww} 为循环水的加热功率比尺；W_{wm} 和 W_{wp} 分别为模型和原型的循环水加热功率，kW；其他符号意义同前。

3.2.2 几何比尺选择

试验模型依据某电厂实际运行的冷却塔为原型，其相关参数见表 3-1。冷却塔填料断面的空气流速为 1.4m/s，出口空气流速为 4.0m/s。

基于密度弗氏数相似准则，分别计算几何比尺为 50、100 和 200 条件下，冷却塔模型的结构尺寸、填料断面风速、循环水流量及其加热功率，计算结果见表 3-1。由表 3-1 中数据可以看出，当几何比尺较小时（例如 $\lambda_L = 50$），冷却塔模型的结构尺寸较大，不便于模型试验的测量；且所需循环水流量及其加热功率较大，从而增加试验实施的难度。当几何比尺较大时（例如 $\lambda_L = 200$），冷却塔模型内空气流速较小，不满足原型冷却塔中的紊流流态。综合考虑上述因素，本模型试验采用 $\lambda_L = 100$ 的几何比尺。

表 3-1 不同几何比尺的冷却塔参数

特 征 参 数		原型	试 验 模 型		
			$\lambda_L = 50$	$\lambda_L = 100$	$\lambda_L = 200$
几何尺寸	淋水面积/m^2	10000	4	1	0.25
	填料直径/m	113	2.26	1.13	0.56
	出塔直径/m	73	1.46	0.73	0.37
	进风口高度/m	12	0.24	0.12	0.06
	塔壳高度/m	105	2.10	1.05	0.53
空气流动特性	填料断面风速/(m/s)	1.4	0.20	0.14	0.10
	塔内空气 Re	1.0×10^7	2.8×10^4	1.0×10^4	3.6×10^3
循环水热力特性	循环水流量/(m^3/h)	90000	5.09	0.90	0.16
	进出塔水温降/℃	9.0	9.0	9.0	9.0
	循环水热功率/kW	9.5×10^5	53.5	9.4	1.7

综合考虑模型加工制作等因素的影响，冷却塔试验模型的几何比尺为 $\lambda_L = 110$，故试验模型的面积比尺和体积比尺分别为

$$\begin{cases} \lambda_A = 110^2 \\ \lambda_V = 110^3 \end{cases} \tag{3-7}$$

式中：λ_V 为体积比尺；其他符号意义同前。

模型中塔内空气的流速及其流量比尺分别为

$$\begin{cases} \lambda_{va} = \sqrt{110} \\ \lambda_{Qa} = 110^{2.5} \end{cases} \tag{3-8}$$

循环水流量及其加热功率的比尺为

$$\lambda_{Qw} = \lambda_{Ww} = 110^{2.5} \tag{3-9}$$

采用密度弗氏数相似准则和 $\lambda_L = 110$ 的几何比尺,冷却塔模型和原型的相关参数见表 3-2。本模型试验在一定程度上反映了原型冷却塔中的空气紊流特性,以及循环水与空气之间的蒸发换热和接触换热特性,模型试验结果是相对可靠的,能够定性反映自然通风冷却塔的流动和热力特性。

表 3-2　　　　　　　$\lambda_L = 110$ 条件下冷却塔模型的相关参数

相关特征参数		冷却塔原型	$\lambda_L = 110$ 试验模型
几何尺寸	淋水面积/m²	10000	0.83
	填料直径/m	113	1.03
	出塔直径/m	73	0.66
	进风口高度/m	12	0.11
	塔壳高度/m	105	0.95
空气流动特性	填料断面风速/(m/s)	1.4	0.13
	塔内空气 Re	1.0×10^7	8.7×10^3
循环水热力特性	循环水流量/(m³/h)	90000	0.71
	进出塔水温降/℃	9.0	9.0
	循环水热功率/kW	9.5×10^5	7.4

3.2.3　模型设计与构建

自然通风湿式冷却塔节水方法的原理性试验平台包括以下 4 个部分:自然通风湿式冷却塔模型、冷凝锥体、空气冷凝器和测量系统。

3.2.3.1　自然通风湿式冷却塔模型

为了实现自然通风湿式冷却塔模型与原型塔的气水换热条件相似,模型塔也设置了相应的配水区、填料区和雨区。如图 3-1 所示,自然通风冷却塔模型主要包括冷却塔模型、供水系统和支撑平台 3 个部分。

(1)冷却塔模型。为了便于观察冷却塔内的空气流动,采用有机玻璃材质加工冷却塔模型(图 3-2)。冷却塔模型采用管式配水系统(图 3-3),热水从冷却塔中心进入,经垂直配水母管向 8 根树枝状支管均匀配水,并通过 12 个喷头将热水喷洒在淋水填料表面。冷却塔模型的淋水填料采用如图 3-4 所示的铝制丝网进行模拟。

(2)供水系统。如图 3-5 所示,供水系统由电加热水箱、循环水泵、管路等组成。

(3)支撑平台。如图 3-6 所示,支撑平台分别为冷却塔模型和供水系统

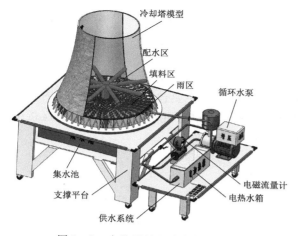

冷却塔模型

配水区

填料区

雨区

循环水泵

集水池

支撑平台

供水系统

电磁流量计

电热水箱

图 3-1 自然通风湿式冷却塔模型

图 3-2 冷却塔模型的整体结构

图 3-3 冷却塔模型的配水系统

图 3-4 冷却塔模型的淋水填料布置

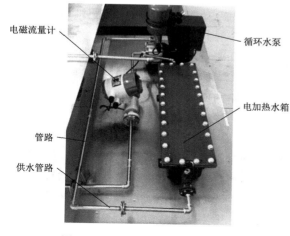

电磁流量计

循环水泵

电加热水箱

管路

供水管路

图 3-5 冷却塔模型的供水系统

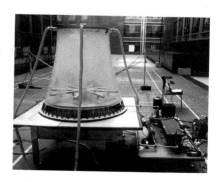

图 3-6 冷却塔模型的支撑平台

的相关部件提供支撑，并在冷却塔模型下方形成集水池，便于量测模型的出塔水温。

3.2.3.2　冷凝锥体

（1）整体结构设计。冷凝锥体与冷却塔共轴布置，并通过法兰结构固定在冷却塔出口上方，其整体布置如图3-7所示，主要包括外圆锥结构、内圆锥结构、配水箱内壁结构、配水箱外壁结构以及若干用于支撑和固定的连接结构。模型试验中采用的冷凝锥体如图3-8所示。

图3-7　冷凝锥体的整体布置

图3-8　冷凝锥体

如图3-9所示，为了降低模型试验中结构的支撑难度，采用自重较小的嵌套式双圆锥结构，并以两圆锥之间的环形缝隙作为冷却流体的通道。外圆锥与内圆锥通过2层共计6个螺栓连接；外圆锥与配水箱外壁通过法兰连接；外圆锥通过支撑连杆和支撑横梁等结构固定于连接法兰；配水箱内壁侧面与内圆锥焊接，其顶盖与侧面通过连接法兰密封。

（a）外圆锥结构。如图3-10所示，外圆锥结构采用壁厚0.6mm铝材加工，其几何尺寸见图3-11。外圆锥结构通过支撑连杆和支撑横梁等结构固定于连接法兰上，并通过连接法兰固定于冷却塔出口，其底部设置DN15冷却水出口（对于水冷型结构，用于连接冷却水的排水管；对于气冷型结构则通过螺纹密封）。

（b）内圆锥结构。内圆锥结构采用壁厚0.4mm不锈钢加工制作，其几何

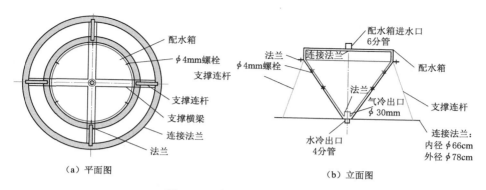

（a）平面图　　　　　　　　　　　　　（b）立面图

图 3-9　冷凝锥体的结构布置

尺寸如图 3-12 所示。内圆锥结构外壁面设置 2 层共计 6 个方形垫块，用于保证内外两圆锥结构之间缝隙的径向距离为 10mm；其底面设置 ϕ30mm 的通风孔，用于连接气冷型锥体结构的抽风风机，对于水冷型锥体结构采用法兰密封，如图 3-13 所示。

（c）配水箱内壁结构。配水箱内壁设计为圆柱凹槽结构，采用不锈钢加工制作，

图 3-10　外圆锥结构

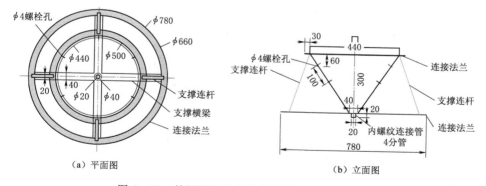

（a）平面图　　　　　　　　　　　　（b）立面图

图 3-11　外圆锥结构的几何尺寸（单位：mm）

其顶面壁厚 3mm，侧面壁厚 0.4mm，其结构尺寸如图 3-14 所示。内壁结构侧面与内锥体结构焊接，其顶面通过法兰盘与侧面连接，对于水冷型锥体结构，保证顶面密封形成配水箱结构，如图 3-15 所示；气冷型锥体结构，其顶面打开，作为冷却空气的排出通道，如图 3-16 所示。

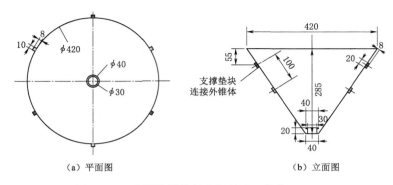

(a) 平面图　　　　　　　　　　　　　　(b) 立面图

图 3-12　内圆锥结构的几何尺寸（单位：mm）

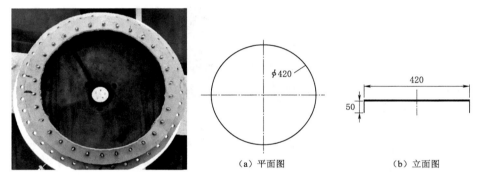

(a) 平面图　　　　　　　　　(b) 立面图

图 3-13　内圆锥结构的风机连接口　图 3-14　配水箱内壁结构尺寸（单位：mm）

图 3-15　水冷型锥体的配水箱　　　　图 3-16　气冷型锥体的配水箱
　　　　内壁结构设计　　　　　　　　　　　内壁结构设计

（d）配水箱外壁结构。如图 3-17 所示，配水箱外壁也设计为圆柱形凹槽结构，采用 0.4mm 壁厚的不锈钢加工制作，其结构尺寸如图 3-18 所示。外壁结构通过法兰与外圆锥结构连接；其顶部设置 DN20 的冷却用水进口。

3.2.3.3　空气冷凝器

图 3-19 给出了空气冷凝器的整体结构设计。如图 3-19 所示，利用风机抽取塔外空气，并通过环形汇流结构将冷却空气均匀分配至不同的空气冷凝器。模型试验的空气冷凝器结构主要包括 4 台鼓风风机、1 个环形风道和 36 个空气冷凝器。

如图 3-20 所示，空气冷凝器模型均采用 0.5mm 不锈钢加工制作，试验模型的结构尺寸如图 3-21 所示。

图 3-17　配水箱外壁结构

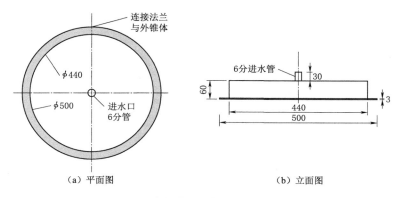

（a）平面图　　　　　　　　　　　（b）立面图

图 3-18　配水箱外壁结构尺寸（单位：mm）

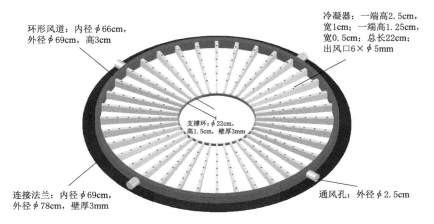

图 3-19　空气冷凝器的整体结构设计

如图 3-22 所示，模型试验中空气冷凝器均采用梯形四棱台结构，冷凝器总长为 220mm，顶面保持径向水平，底面与水平呈 3°夹角。其冷却空气进风

图 3-20 空气冷凝器

口为 10mm×25mm（宽×高）的矩形截面；出风口在顶面均匀布置 6 个 ϕ5mm 的排风孔。

3.2.3.4 测量系统

（1）测量参数。为了反映不同结构装置的节水特性，模型试验中需测量的主要参数如下：

1）环境参数：环境大气压、空气干球温度和湿球温度。

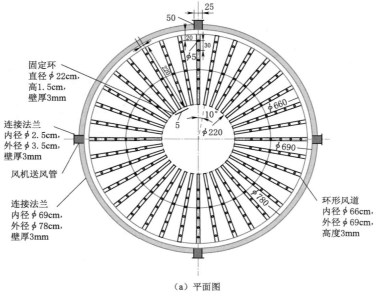

（a）平面图

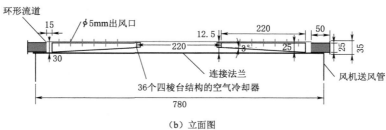

（b）立面图

图 3-21 空气冷凝器的结构尺寸图（单位：mm）

2）循环水参数：冷却塔的循环水量、进塔水温和出塔水温。

3）出塔空气参数：节水装置前后断面的空气干球温度、湿球温度和空气流速。

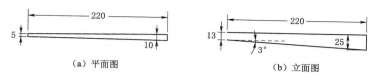

图 3-22 空气冷凝器的四棱台结构（单位：mm）

（a）平面图　　　　　　　　　　（b）立面图

4）水冷型冷凝锥体的冷源参数：冷却水的温度和流量。

5）气冷型冷凝锥体和空气冷凝器的冷源参数：冷却空气的流量。

6）节水量：待试验系统稳定运行 0.5h 后，测量节水装置表面的冷凝水量。

（2）测点布置。

1）环境参数沿冷却塔模型的进风口周向均匀布置 4 个测点。

2）循环水流量在供水系统的水平管道上布置 1 个测点；进塔水温在加热水箱出口管道上布置 1 测点；出塔水温布置 5 个测点，包括加热水箱进口管道上的 1 个测点，以及沿集水池周向均匀布置的 4 个测点。

3）分别选取节水装置下方 30mm 和上方 30mm 的水平断面作为其前后典型断面；两个典型断面均需布置 13 个出塔空气参数测点：在两个相互垂直的直径上测量，每个直径均匀布置 7 个测点。

（3）测量仪器。

1）环境大气压采用如图 3-23 所示的大气压力表测量。

2）环境空气和出塔空气的干球和湿球温度采用如图 3-24 所示的空气干湿球温度表测量。

图 3-23　大气压力表

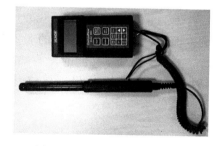

图 3-24　空气干湿球温度表

3）进塔水温、出塔水温和冷却水温（水冷型冷凝锥体的冷源）均采用铂电阻无线温度计测量。

4）冷却塔循环水流量采用电磁流量计测量。

5）出塔空气流速、冷源风量（气冷型冷凝锥体和空气冷凝器的冷源）采用如图 3-25 所示的热线风速仪测量。

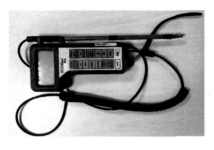

图 3-25　热线风速仪

6）冷却水流量（水冷型冷凝锥体的冷源流量）采用量杯和秒表测量。

7）不同方案节水量通过滤纸吸湿称重法测量。试验前将滤纸烘干密封测质量，测试时将滤纸取出，擦拭节水装置表面的凝结水，并将滤纸密封再称重。滤纸前后称重的质量差即为测量时间段内的节水量。

3.2.4　数据处理方法

后续试验结果分析均采用单位时间节水量、单位面积节水量和节水率来评估不同装置的节水特性。

（1）单位时间节水量。单位时间节水量用于定义不同装置在单位时间的节水效果，其计算公式如下：

$$q_{ws} = \frac{m_{ws}}{T_s} \tag{3-10}$$

式中：q_{ws} 为单位时间节水量，kg/h；T_s 为测量节水量的时间间隔，h；m_{ws} 为节水装置表面的凝结水量，kg。

（2）单位面积节水量。单位面积节水量用于定义不同装置表面单位面积的节水效果，其计算公式如下：

$$q_{Aws} = \frac{q_{ws}}{A_s} \tag{3-11}$$

式中：q_{Aws} 为单位面积节水量，kg/(h·m^2)；A_s 为不同节水装置与出塔空气接触的表面积，m^2，冷凝锥体的表面积为 0.272m^2，空气冷凝器的表面积为 0.412m^2；其余符号意义同前。

（3）节水率。节水率采用单位时间节水量与冷却塔蒸发量的比值进行定义，其计算公式如下：

$$\eta = \frac{q_{ws}}{q_{we}} \times 100 \tag{3-12}$$

其中

$$q_{we} = \frac{\rho_{ao} A_{to} v_{ao}}{(1 + x_{ao})} (x_{ao} - x_{ai}) \tag{3-13}$$

式中：η 为不同装置的节水率，%；q_{we} 为冷却塔蒸发损失量，kg/h；ρ_{ao} 为出塔空气的密度，kg/m^3；v_{ao} 为出塔空气的流速，m/s；x_{ai} 和 x_{ao} 分别为进塔和出塔空气的含湿量，kg/kg；A_{to} 为冷却塔出口断面面积，m^2，模型试验中 A_{to} 为 0.342m^2。

3.3　结果分析与讨论

3.3.1　试验工况

对于冷凝锥体和空气冷凝器，出塔空气特性和冷凝结构壁面温度是影响其节水特性的主要因素。出塔空气特性主要受环境空气条件和冷却塔热负荷的影响；冷凝结构壁面温度主要受其冷源温度和流量的影响。由于试验条件的限制，本章主要探讨循环水流量及其加热功率，以及冷凝结构的冷源流量对不同装置节水特性的影响。

对于水冷型冷凝锥体，主要探讨循环水流量及其加热功率，以及冷却水流量对其节水特性的影响，具体试验工况见表 3-3；对于气冷型冷凝锥体，主要分析循环水加热功率及其流量的影响，具体试验工况见表 3-4；对于空气冷凝器，主要探讨循环水加热功率和冷却风量的影响，具体试验工况见表 3-5。

表 3-3　　　　　　　　　水冷型锥冷凝体的试验工况

工况编号	加热功率/kW	循环水流量/(m^3/h)	冷却水流量/(m^3/h)
1	7.5	0.65	0.302
2	10.0	0.65	0.302
3	7.5	0.55	0.302
4	10.0	0.55	0.312
5	10.0	0.65	0.203

表 3-4　　　　　　　　　气冷型冷凝锥体的试验工况

工况编号	加热功率/kW	循环水流量/(m^3/h)	冷却风量/(m^3/h)
6	7.5	0.65	34.72
7	10.0	0.65	34.72
8	7.5	0.55	34.72
9	10.0	0.55	34.72

表 3-5　　　　　　　　　空气冷凝器的试验工况

工况编号	加热功率/kW	循环水流量/(m^3/h)	冷却风量/(m^3/h)
10	7.5	0.65	138.89
11	10.0	0.65	138.89
12	10.0	0.65	166.67

3.3.2 试验结果分析

3.3.2.1 水冷型冷凝锥体

（1）节水可行性分析。图3-26给出了水冷型冷凝锥体表面的水蒸气凝结情况。从图3-26中可以看出，不同工况条件下节水装置表面均有水蒸气凝结，故水冷型冷凝锥体具有节水作用。

（a）加热功率7.5kW，循环水流量0.65m³/h

（b）加热功率10.0kW，循环水流量0.65m³/h

（c）加热功率7.5kW，循环水流量0.55m³/h

（d）加热功率10.0kW，循环水流量0.55m³/h

图3-26 水冷型冷凝锥体表面凝结水蒸气的情况

（2）循环水加热功率的影响。表3-6给出了不同循环水加热功率条件下水冷型冷凝锥体的节水特性。从表3-6可以看出，在相同流量条件下，随着循环水加热功率的增大，水冷型冷凝锥体的单位时间节水量、单位面积节水量和节水率均增大。这是由于随着循环水加热功率增大，进出塔水温及其水温差均会增大，进塔空气与循环水之间的对流换热和蒸发换热作用增强，从而增大出塔空气的温度和含湿量，此时出塔空气的露点温度较高，更容易在冷凝结构表面发生凝结。

（3）循环水流量的影响。表3-7给出了不同循环水流量条件下水冷型冷凝锥体的节水特性。从表3-7可以看出，随着循环水流量的增大，水冷型冷

表 3-6　　**不同加热功率条件下水冷型冷凝锥体的节水特性**

测试工况	额定加热功率/kW	7.5	10.0
循环水特性	循环水流量/(m³/h)	0.65	0.65
	进塔水温/℃	55.46	64.40
	出塔水温/℃	43.77	48.03
	实际加热功率/kW	8.90	12.41
冷源特性	冷却水温度/℃	27.25	30.18
	冷却水流量/(m³/h)	0.302	0.302
环境空气特性	大气压/hPa	1007.60	1005.68
	干球温度/℃	25.03	25.74
	湿球温度/℃	18.00	18.64
	焓值/(kJ/kg)	50.584	52.673
	含湿量/(kg/kg)	0.010	0.011
	密度/(kg/m³)	1.170	1.164
出塔空气特性	干球温度/℃	30.76	33.72
	湿球温度/℃	30.56	33.46
	焓值/(kJ/kg)	102.925	119.699
	含湿量/(kg/kg)	0.028	0.033
	密度/(kg/m³)	1.136	1.119
	流速/(m/s)	0.450	0.500
节水特性	单位时间节水量/(kg/h)	0.0265	0.0390
	节水率/%	0.2382	0.2549
	单位面积节水量/[kg/(h·m²)]	0.0974	0.1436

表 3-7　　**不同循环水流量条件下水冷型冷凝锥体的节水特性**

测试工况	循环水流量/(m³/h)	0.55	0.65
	额定加热功率/kW	7.5	7.5
循环水特性	进塔水温/℃	58.13	55.46
	出塔水温/℃	45.32	43.77
	实际功率/kW	8.22	8.90
冷源特性	冷却水温度/℃	27.25	27.25
	冷却水流量/(m³/h)	0.312	0.302
进塔空气特性	大气压/hPa	1005.57	1007.60
	干球温度/℃	25.53	25.03
	湿球温度/℃	17.88	18.00

续表

进塔空气特性	焓值/(kJ/kg)	50.224	50.584
	含湿量/(kg/kg)	0.010	0.010
	密度/(kg/m³)	1.166	1.170
出塔空气特性	干球温度/℃	31.56	30.76
	湿球温度/℃	31.07	30.56
	焓值/(kJ/kg)	105.810	102.925
	含湿量/(kg/kg)	0.029	0.028
	密度/(kg/m³)	1.130	1.136
	流速/(m/s)	0.394	0.450
节水特性	单位时间节水量/(kg/h)	0.0354	0.0265
	节水率/%	0.3441	0.2382
	单位面积节水量/[kg/(h·m²)]	0.1302	0.0974

凝锥体的单位时间节水量、单位面积节水量和节水率均会减小。这是由于相同加热功率条件下，随着循环水流量的增大，进出塔水温及其水温差降低，进塔空气与循环水的热交换作用减弱，所以出塔空气的温度和含湿量均会减小，此时出塔空气的露点温度较低，结构表面的水蒸气冷凝量减小。

（4）冷却水流量的影响。表3-8给出了不同冷却水流量条件下水冷型冷凝锥体的节水特性。从表3-8可以看出，随着冷却水量增大，水冷型冷凝锥体的单位时间节水量、单位面积节水量和节水率均增大。这是由于随着冷却水流量的增大，冷却水与冷凝锥体壁面之间的对流换热作用增强，故冷凝锥体的壁面温度降低，此时冷凝器壁面温度与出塔空气露点温度间的差异更显著，水蒸气在其表面更易发生冷凝。

表3-8 不同冷却水流量条件下水冷型冷凝锥体的节水特性

测试工况	冷却水流量/(m³/h)	0.203	0.302
节水特性	单位时间节水量/(kg/h)	0.0279	0.0390
	节水率/%	0.1825	0.2549
	单位面积节水量/[kg/(h·m²)]	0.1026	0.1436

3.3.2.2 气冷型冷凝锥体

（1）节水可行性分析。图3-27给出了气冷型冷凝锥体表面的水蒸气凝结情况。从图3-27可以看出，不同工况条件下节水装置表面均有水蒸气凝结，故气冷型锥体节水方案原理可行。

（2）循环水加热功率的影响。表3-9给出了不同加热功率条件下气冷型

（a）加热功率7.5kW，循环水流量0.65m³/h　　　（b）加热功率10.0kW，循环水流量0.55m³/h

图 3-27　气冷型冷凝锥体表面凝结水蒸气的情况

冷凝锥体的节水特性。从表 3-9 可以看出，随着循环水加热功率的增大，气冷型冷凝锥体的单位时间节水量、单位面积节水量和节水率均增大。这是由于随着循环水加热功率的增大，进出塔水温升高，进塔空气与循环水的热交换作用增强，出塔空气的温度和含湿量增大，此时出塔空气的露点温度较大，其更容易在装置表面发生冷凝。

表 3-9　　　　　　不同加热功率条件下气冷型冷凝锥体的节水特性

测试工况	额定加热功率/kW	7.5	10.0
	循环水流量/(m³/h)	0.62	0.62
节水特性	单位时间节水量/(kg/h)	0.0022	0.0067
	节水率/%	0.0209	0.0455
	单位面积节水量/[kg/(h·m²)]	0.0083	0.0246

（3）循环水量的影响。表 3-10 给出了不同循环水量条件下气冷型冷凝锥体的节水特性。由表 3-10 可以看出，随着循环水量的增大，气冷型冷凝锥体的单位时间节水量和单位面积节水量减小，而节水率均略微增加。这是由于随着循环水量增大，进出塔水温降低，进塔空气与循环水的热交换作用减弱，出塔空气的温度和含湿量均减小，此时出塔空气露点温度降低，结构表面的凝结水量减小。但由于此种试验条件下冷却塔的蒸发水量比结构表面凝结水量减小的更为显著，此时气冷型冷凝锥体的节水率略微增大。

表 3-10　　　　　　不同循环水量条件下气冷型锥体的节水特性

测试工况	循环水流量/(m³/h)	0.53	0.62
	额定加热功率/kW	10.0	10.0
节水特性	单位时间节水量/(kg/h)	0.0072	0.0067
	节水率/%	0.0441	0.0455
	单位面积节水量/[kg/(h·m²)]	0.0265	0.0246

3.3.2.3　空气冷凝器

（1）节水可行性分析。图 3-28 给出了空气冷凝器表面的水蒸气凝结情况（循环水加热功率 10.0kW，循环水流量 0.67m³/h。从图 3-28 可以看出，空气冷凝器表面能够有效发生水蒸气的凝结，故该节水方案在理论上可行。

（a）测试时长 10min　　　　　　　（b）测试时长 15min

图 3-28　空气冷凝器表面水蒸气凝结情况

（2）循环水加热功率的影响。表 3-11 给出了不同循环水加热功率条件下空气冷凝器的节水特性，可以看出随着加热功率的增大，空气冷凝器的单位时间节水量、单位面积节水量和节水率均增大。这是由于随着循环水加热功率的增大，进塔空气与循环水之间的热交换作用增强，出塔空气的温度和含湿量均增大，此时出塔空气的露点温度较大，其在空气冷凝器表面更易发生凝结。

表 3-11　　　　不同循环水加热功率条件下空气冷凝器的节水特性

测试工况	额定加热功率/kW	7.5	10.0
	循环水流量/(m³/h)	0.65	0.65
节水特性	单位时间节水量/(kg/h)	0.0275	0.0624
	节水率/%	0.2438	0.4004
	单位面积节水量/[kg/(h·m²)]	0.0667	0.1515

（3）冷却空气流量的影响。表 3-12 给出了不同冷却空气流量条件下空气冷凝器的节水特性（循环水额定加热功率 10.0kW，循环水流量 0.65m³/h）。从表 3-12 可以看出，随着冷却空气流量的增大，空气冷凝器的单位时间节水量、单位面积节水量和节水率均增大。这是由于冷却空气流量越大，其与装置壁面的对流换热作用越强，则空气冷凝器的壁面温度越低，更有利于凝结水产生。

表 3-12   不同冷却空气流量条件下空气冷凝器的节水特性

测试工况	冷却空气温度/℃	34.60	34.16
	冷却空气流量/(m³/h)	138.89	166.67
循环水特性	流量/(m³/h)	0.67	0.66
	进塔水温/℃	65.23	64.42
	出塔水温/℃	48.50	48.67
	实际功率/kW	13.08	12.16
进塔空气特性	大气压/hPa	997.18	1002.82
	干球温度/℃	31.60	31.16
	湿球温度/℃	20.10	24.04
	焓值/(kJ/kg)	57.551	72.234
	含湿量/(kg/kg)	0.010	0.016
	密度/(kg/m³)	1.133	1.137
出塔空气特性	干球温度/℃	39.27	39.00
	湿球温度/℃	38.77	38.97
	焓值/(kJ/kg)	157.776	158.710
	含湿量/(kg/kg)	0.046	0.046
	密度/(kg/m³)	1.083	1.089
	流速/(m/s)	0.369	0.395
节水特性	单位时间节水量/(kg/h)	0.0362	0.0406
	节水率/%	0.2145	0.2634
	单位面积节水量/[kg/(h·m²)]	0.0879	0.0987

（4）空气冷凝器对出塔空气的影响。表 3-13 给出了空气冷凝器前后断面的出塔空气特性。由表 3-13 可以看出，空气冷凝器对出塔空气的影响规律，在不同循环水加热功率条件下的变化是一致的，即出塔空气经过空气冷凝器后，其干球温度和含湿量会降低，且空气流速会增大。

表 3-13   空气冷凝器前后断面的出塔空气特性

测试工况	额定加热功率/kW	7.5		10.0	
	循环水流量/(m³/h)	0.65		0.65	
	测量断面	前	后	前	后
出塔空气特性	干球温度/℃	36.14	35.15	34.05	33.27
	湿球温度/℃	35.51	34.78	33.25	32.63
	焓值/(kJ/kg)	133.46	128.57	118.87	115.15
	含湿量/(kg/kg)	0.038	0.036	0.033	0.032
	密度/(kg/m³)	1.102	1.107	1.112	1.116
	流速/(m/s)	0.396	0.476	0.405	0.458

3.3.2.4 不同节水装置的对比分析

表 3-14 和表 3-15 分别给出了循环水加热功率为 7.5kW 和 10.0kW 条件下不同装置的节水特性。对比表 3-14 和表 3-15 可以看出,两种额定加热功率条件下,不同节水装置之间的变化规律一致,即相同冷却塔热负荷和环境空气条件下,空气冷凝器的单位时间节水量和节水率最大,水冷型冷凝锥体次之,气冷型冷凝锥体最小;水冷型冷凝锥体的单位面积节水量最大,空气冷凝器次之,气冷型冷凝锥体最小。这是由于模型试验中水冷型冷凝锥体的冷却水温度较低,故水冷型冷凝锥体表面温度更低,其表面更易发生水蒸气冷凝;同时由于空气冷凝器与出塔湿热空气接触的表面积较大,故其单位时间的节水量更大。

表 3-14 不同装置的节水特性对比 (加热功率 7.5kW)

节 水 装 置	水冷型冷凝锥体	气冷型冷凝锥体	空气冷凝器
单位时间节水量/(kg/h)	0.0265	0.0022	0.0275
节水率/%	0.2382	0.0209	0.2438
单位面积节水量/[kg/(h·m²)]	0.0974	0.0083	0.0667

表 3-15 不同装置的节水特性对比 (加热功率 10.0kW)

节 水 装 置	水冷型冷凝锥体	气冷型冷凝锥体	空气冷凝器
单位时间节水量/(kg/h)	0.0390	0.0067	0.0554
节水率/%	0.2549	0.0455	0.3454
单位面积节水量/[kg/(h·m²)]	0.1436	0.0246	0.1345

相对于气冷型冷凝结构,水冷型冷凝锥体预设流道内的冷却水自重较大,需要提供更为严格的支撑装置,从而增加施工和建造成本,同时其需要较高扬程的水泵才可实现冷源水的循环利用,故水冷型冷凝锥体的工程实际应用不太可行。相对于气冷型冷凝锥体,空气冷凝器具有更大的冷凝面积,能够更有效地回收湿式冷却塔的蒸发损失,故空气冷凝器具有更广泛的工程实践意义。

3.4 本章小结

本章通过模型试验方法,对水冷型冷凝锥体、气冷型冷凝锥体和空气冷凝器的节水可行性展开了研究,并初步分析了循环水流量及其加热功率、冷却水(或冷却空气)流量对其节水特性的影响,主要结论如下:

(1)研究结果表明水冷型冷凝锥体、气冷型冷凝锥体和空气冷凝器均可有效回收自然通风冷却塔的蒸发损失。

（2）冷却塔循环水流量及其加热功率会改变出塔空气的露点温度，从而进一步影响冷凝结构的节水特性。研究结果表明：出塔空气的露点温度会随着循环水加热功率的增大而增大，而随着其流量的增大而减小；故3种节水装置的单位时间节水量、单位面积节水量和节水率均会随着循环水加热功率的增大而增大；随着循环水流量的增大，水冷型冷凝锥体的单位时间节水量、单位面积节水量以及节水率以及气冷型冷凝锥体的单位时间节水量和单位面积节水量均会减小；由于试验条件下，当增大循环水流量时，冷却塔的蒸发水量比气冷型冷凝锥体表面凝结水减小的更为显著，故气冷型冷凝锥体的节水率会略微增大。

（3）对于节水装置冷源特性的分析，主要考虑了冷却水或冷却空气流量的影响。研究结果表明：随着冷源流量的增大，3种节水装置的单位时间节水量、单位面积节水量和节水率均增大。

（4）在相同冷却塔热负荷和环境条件下，通过对比分析3种节水装置的节水特性，研究结果表明：相同冷却塔热负荷和环境空气条件下，空气冷凝器的单位时间节水量和节水率最大，水冷型冷凝锥体次之，气冷型冷凝锥体最小；水冷型冷凝锥体的单位面积节水量最大，空气冷凝器次之，气冷型冷凝锥体最小。

（5）通过试验研究结果表明提高节水装置的单位时间节水量和节水率的关键是增大冷凝面积；相比于冷凝锥体，空气冷凝器具有更大的冷凝面积，能够更有效地回收湿式冷却塔的蒸发损失，故空气冷凝器具有更广泛的工程实践意义，后续工作将围绕空气冷凝器展开研究。

由于搭建的是较为简单的开放式原理性试验平台，对于节水装置的定性分析是可靠的，而定量评价结果较为粗糙。为了更深入地探讨空气冷凝器的运行特性，需建立合适的数学模型，通过数值研究方法展开进一步的研究。

第 4 章

数学模型和数值方法

4.1　概述

　　第 3 章阐述了水冷型冷凝锥体、气冷型冷凝锥体和空气冷凝器的原理性试验。通过模型试验研究，表明了 3 种节水装置均可有效回收自然通风冷却塔的蒸发损失。由于空气冷凝器直接采用环境空气作为冷源，且具有更大的冷凝面积，能够更有效地回收湿式冷却塔的蒸发损失，故空气冷凝器具有更广泛的工程实践意义，具有更广泛的工程实践意义。为了更为准确地定量分析空气冷凝器的节水特性，需建立合适的数学模型。

　　本章将综合考虑流动—对流传热—冷凝传质传热的耦合作用，建立能够反映空气冷凝器节水特性的数学模型。构建数值模型时，将通过自主编译的用户自定义函数，来反映空气冷凝器表面湿空气凝结过程中复杂的质量和能量变化。

4.2　数学模型

4.2.1　基本假定

　　（1）流动和传热传质维持稳定，空气速度场、压力场和温度场均保持恒定不变。

　　（2）忽略空气的辐射换热作用。

　　（3）忽略节水装置表面的凝结水膜厚度，不考虑其对流动和传热传质的影响。

4.2.2　空气运动控制方程

　　空气运动控制方程包括质量守恒方程、动量守恒方程、能量守恒方程和组分输运方程。

（1）质量守恒方程：

$$\nabla \cdot (\rho\vec{v}) = S_m \tag{4-1}$$

式中：ρ 为空气密度，kg/m^3；$\vec{v}$ 为空气流速矢量，$\vec{v} = v_x\vec{i} + v_y\vec{j} + v_z\vec{k}$，$m/s$；$S_m$ 为空气的质量源，$kg/(m^3 \cdot s)$。

（2）动量守恒方程：

$$\nabla \cdot (\rho\vec{v}\vec{v}) = -\nabla p + \nabla \cdot (\mu + \mu_t)\left[(\nabla\vec{v} + \nabla\vec{v}^{\mathrm{T}}) - \frac{2}{3}\nabla \cdot \vec{v}\mathbf{I}\right] + \rho\vec{g} + \vec{F} \tag{4-2}$$

式中：μ 和 μ_t 分别为层流黏性系数和湍流黏性系数，$kg/(m \cdot s)$；$\mathbf{I}$ 为单位张量；$\vec{F}$ 为运动空气所受其他作用力，以动量源的形式添加，N/m^3；$\vec{g}$ 为重力加速度矢量，m/s^2；其他符号意义同前。

动量守恒方程采用标准 $k-\varepsilon$ 湍流模型（Launder et al.，1972，1974；Henkes，1991，FLUENT Incorporated，2003）对控制方程湍流封闭，湍动能 k 和湍动能耗散率 ε 控制方程为

$$\nabla \cdot (\rho\vec{v}k) = \nabla \cdot \left[\rho\left(\mu + \frac{\mu_t}{\sigma_k}\right)\nabla k\right] + G_k + G_b - \rho\varepsilon$$

$$\nabla \cdot (\rho\vec{v}\varepsilon) = \nabla \cdot \left[\rho\left(\mu + \frac{\mu_t}{\sigma_\varepsilon}\right)\nabla\varepsilon\right] + C_{1\varepsilon}\frac{\varepsilon}{k}(G_k + C_{3\varepsilon}G_b) - C_{2\varepsilon}\rho\frac{\varepsilon^2}{k} \tag{4-3}$$

式中：G_k 为由平均速度梯度产生的湍动能生成项，$kg/(m \cdot s^3)$；G_b 为由浮力所引起的湍动能生成项 $kg/(m \cdot s^3)$；$C_{1\varepsilon}$、$C_{2\varepsilon}$ 和 $C_{3\varepsilon}$ 为给定常数；σ_k 和 σ_ε 分别为 k 和 ε 对应的湍流普朗特数；其他符号意义同前。

湍流黏性系数 μ_t 可由湍动能 k 和湍流耗散率 ε 按式（4-4）进行计算：

$$\mu_t = \rho C_\mu \frac{K^2}{\varepsilon} \tag{4-4}$$

式中：C_μ 为常数；其他符号意义同前。

Launder 和 Spalding 根据实验数据确定模型常数为：$C_{1\varepsilon} = 1.44$，$C_{2\varepsilon} = 1.92$，$C_\mu = 0.09$，$\sigma_k = 1.0$，$\sigma_\varepsilon = 1.3$。

在考虑浮力引起的湍动能生成项 G_b 时，浮力对湍动能耗散率的影响可通过系数 $C_{3\varepsilon}$ 确定：

$$C_{3\varepsilon} = \tanh\left(\frac{v_z}{\sqrt{v_x^2 + v_y^2}}\right) \tag{4-5}$$

（3）能量守恒方程：

$$\nabla \cdot \left(\rho\vec{v}\int_{t_{ref}}^{t} c_a \mathrm{d}t\right) = \nabla \cdot \left((k_l + k_t)\nabla t - \sum_j h_j\vec{J}_j\right) + S_h \tag{4-6}$$

其中
$$h_j = \int_{t_{ref}}^{t} c_{p,j} \, \mathrm{d}t$$

式中：t_{ref} 为显焓计算参考温度，℃，一般取 0℃；h_j 为组分 j 所对应的显焓，J/kg，k_l 和 k_t 分别为层流导热系数和湍流导热系数，W/(m·℃)；$\sum\limits_{j} h_j \vec{J}_j$ 为组分扩散所引起的显焓传递，W/m²；$\vec{J}_j$ 为 j 组分的扩散通量，kg/(m²·s)；S_h 为能量源，W/m³；$c_{p,j}$ 为 j 组分的定压经热容，J/(kg·℃)；c_a 为湿空气的定压比热容，J/(kg·℃)；其他符号意义同前。

（4）组分输运方程：
$$\nabla \cdot (\rho \vec{v} Y_v) = \nabla \cdot [\rho(D + D_t) \nabla Y_v] + S_m \tag{4-7}$$

式中：D 和 D_t 分别为水蒸气在湿空气中的层流扩散系数和湍流扩散系数，m²/s；Y_v 为空气中水蒸气的质量分数；其他符号意义同前。

（5）气体状态方程。将空气视为不可压缩的理想气体，而仅考虑温度和湿度变化所引起的湿空气密度变化：
$$\rho = \frac{p_0}{[R_g(1-Y_v) + R_v Y_v](273.15 + t)} \tag{4-8}$$

式中：p_0 为环境大气压，Pa；R_g 和 R_v 分别为干空气和水蒸气的气体常数，R_g 取为 287.14J/(kg·K)，R_v 取为 461.53J/(kg·K)；其他符号意义同前。

（6）湍流的近壁面区处理。自然通风冷却塔的节水装置壁面附近的黏性底层内，空气流动为层流运动，分子黏性对其动量传递起主要作用，而适用于湍流核心的标准 k-ε 湍流模型不能对近壁面区域的黏性底层和混合层内空气的流动进行精确模拟。本章采用标准壁面函数模型对近壁区域空气流动进行处理。定义壁面节点 P 距壁面的无量纲距离 y^* 为
$$y^* = \frac{\rho C_\mu^{1/4} k_P^{1/2} y_P}{\mu} \tag{4-9}$$

式中：k_P 为 P 点的湍动能，m²/s²；y_P 为 P 点与壁面的垂直距离，m；μ 为空气的动力黏性系数，kg/(m·s)；其他符号意义同前。

在 $y^* \geqslant 11.225$ 时，可按对数律公式计算 P 点的速度 U_P：
$$U^* = \frac{1}{\kappa} \ln(Ey^*) \tag{4-10}$$

$$U_P = \frac{U^* \sqrt{\tau_w/\rho}}{C_\mu^{1/4} k_P^{1/2}} \tag{4-11}$$

式中：U^* 为依据 y^* 计算的无量纲系数；κ 为卡门常数，取值为 0.4187；E 为经验常数，取值为 9.793；τ_w 为壁面切应力，Pa。

在 $y^* < 11.225$ 时，可按式（4-12）计算 P 点的速度 U_P：

$$U_P = \frac{y^* \sqrt{\tau_w / \rho}}{C_\mu^{1/4} k_P^{1/2}} \qquad (4-12)$$

在整个计算域内由湍动能控制方程计算湍动能 k，而将湍动能 k 的壁面边界处理为第二类边界条件，即

$$\frac{\partial k}{\partial n} = 0 \qquad (4-13)$$

式中：n 为壁面法向。

对于近壁面空气，湍动能生成项 G_k 及其耗散率 ε 由局部平衡假设给出，即近壁面空气湍动能 k 的生成率与其耗散率相等：

$$G_k = \frac{\tau_w}{\kappa \rho C_\mu^{1/4} k_P^{1/2} y_P} \qquad (4-14)$$

$$\varepsilon_P = \frac{C_\mu^{3/4} k_P^{3/2}}{\kappa y_P} \qquad (4-15)$$

4.2.3 水蒸气冷凝模型

湿空气中水蒸气发生冷凝是一种复杂的热量和质量传递过程，其可以分为以下两个阶段：湿空气首先与冷壁面接触的降温过程，当其温度降至空气露点温度以下时，壁面上的水蒸气开始凝结。采用基于 Fick 扩散定律的冷凝模型，水蒸气的凝结速率用式（4-16）进行计算：

$$\dot{m} = \rho(D + D_t) \frac{\partial Y_v}{\partial n} \bigg|_i \qquad (4-16)$$

式中：$\dot{m}$ 为水蒸气凝结速率，$kg/(m^2 \cdot s)$；n 为壁面法向；i 为湿空气与冷凝液膜的相界面。

由于湿空气凝结液膜厚度很小，热阻可以忽略不计，因此可以假定凝结液膜的温度等于壁面温度，采用凝结液膜温度所对应饱和水蒸气质量分数作为气-液交界面上液相的水蒸气质量分数，并由此计算相界面上的质量分数梯度。壁面温度对应的饱和水蒸气质量分数采用式（4-17）计算：

$$Y_v'' = \frac{x_v''}{1 + x_v''} \qquad (4-17)$$

其中

$$x_v'' = 0.622 \frac{p_t''}{p_0 - p_t''} \qquad (4-18)$$

式中：Y_v'' 为壁面温度对应的饱和水蒸气质量分数；x_v'' 为壁面温度对应的饱和含湿量，kg/kg；p_0 为环境大气压，Pa；p_t'' 为壁面温度 t 对应的饱和水蒸气压力。

在 $0 \sim 100℃$ 及常压范围内，湿空气饱和水蒸气压力可按纪利于 1939 年发

表的纪利公式计算：

$$\log p''_t = 0.0141966 - 3.142305\left(\frac{1000}{t'} - \frac{1000}{373.16}\right) + 8.2\lg\left(\frac{373.16}{t'}\right)$$
$$\qquad - 0.0024804(373.16 - t') \tag{4-19}$$

式中：p''_t 为湿空气为 $t℃$ 时的饱和水蒸气压力，取值为 $9.8 \times 10^4\text{Pa}$；t' 为空气温度为 $t℃$ 时对应的热力学温度值，K，$t' = t + 273.15$。

在计算求解过程中，通过比较近壁面空气质量分数是否高于壁面温度对应的饱和水蒸气质量分数来判断是否发生冷凝。由于研究过程中忽略了凝结液膜的厚度，故后续研究中采用近壁面第一层网格作为气-液交界面，水蒸气发生冷凝引起的质量和能量变化仅发生在此计算域内。近壁面区域内的质量源和能量源分别表示为

质量源：
$$\begin{cases} S_m = \dfrac{-A_i\rho(D+D_t)\dfrac{\partial Y_v}{\partial n}\Big|_i}{\Delta V}, & Y_{v,a} > Y''_v \\ S_m = 0, & Y_{v,a} \leqslant Y''_v \end{cases} \tag{4-20}$$

式中：S_m 为近壁面控制单元的质量源，$\text{kg}/(\text{m}^3\cdot\text{s})$；$A_i$ 为与近壁面控制单元接触的冷凝壁面面积，m^2；ΔV 为近壁面控制单元体积，m^3；$Y_{v,a}$ 为近壁面控制单元内空气的水蒸气质量分数。由于水蒸气冷凝会减小近壁面区域的湿空气质量，故质量源始终为负。

能量源：
$$S_h = -\gamma_w S_m \tag{4-21}$$

式中：S_h 为近壁面控制单元的能量源，W/m^3；γ_w 为汽化潜热，取 $2500\text{kJ}/\text{kg}$。由于水蒸气冷凝放热，故添加能量源始终为正。

4.3　数值方法及模型验证

4.2 节所建立的数学方程将借助 Fluent 软件进行数值模拟。由于 Fluent 软件的内置模块不能用于水蒸气的冷凝过程，故需采用式（4-20）和式（4-21）计算近壁面单元的质量源和能量源，并通过自主编译的用户自定义函数来反映冷壁面上发生水蒸气冷凝时复杂的质量和能量变化。

Fluent 软件采用有限体积法进行控制方程的数值离散，离散方程的求解采用分离变量法；速度与压力的解耦采用 SIMPLE 算法；压力离散差分格式采用标准离散差分格式；其他变量均采用一阶迎风格式。计算过程首先根据边界条件求解质量和动量守恒方程，然后依次求解能量守恒方程和组分输运方程；下一次计算时添加近壁面区域的质量源和能量源，作为下一步迭代的附加条件。当连续性方程、流速、温度和质量分数的迭代误差都小于 10^{-6} 时认为

计算结果收敛。

4.3.1 边界条件及材料特性

建立如图 4-1 所示的空气冷凝器数值模型，线框表示计算域，实体表示单片空气冷凝器；后续分析中定义沿冷却空气流动方向的结构尺寸为冷凝器长度，沿湿热空气流动方向的结构尺寸为冷凝器高度，另一尺寸为冷凝器宽度。如图 4-1 所示，计算域长度等于空气冷凝器长度，计算域高度为空气冷凝器高度的 3 倍，计算域宽度为空气冷凝器宽度的 2 倍。

如图 4-1 所示，数值计算中的边界设置条件为：计算域底面设置为速度入口边界，采用自然通风冷却塔的出塔空气参数定义其温度、水蒸气质量分数和流速；计算域顶面设置为压力出口边界，并设定其压强为环境大气压；计算域沿宽度方向的 2 个侧面设置为对称边界；计算域沿长度方向的 2 个侧面设置为绝热壁面边界，采用无滑移边界条件定义其动量边界即速度为 0，空气温度、水蒸气质量分数、湍动能等待求标量的法向梯度均为 0，并采用标准壁面函数法进行近壁面处理；空气冷凝器壁面定义为耦合传热边界，同时近壁面空气添加质量源和能量源；空气冷凝器的冷却空气

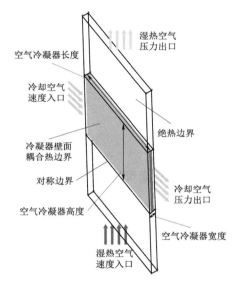

图 4-1 空气冷凝器数值模型

入口设置为速度入口边界，采用自然通风冷却塔的环境空气参数定义其温度、水蒸气质量分数和流速；空气冷凝器的冷却空气出口设置为压力出口边界，并设定其压强为环境大气压。

数值计算中均假定空气为理想不可压缩气体，空气密度采用式（4-8）所述的气体状态方程进行计算，扩散系数 $D = 2.88 \times 10^{-5} \, \text{m}^2/\text{s}$，导热系数为 $0.0454 \text{W}/(\text{m} \cdot \text{℃})$，汽化潜热为 2500kJ/kg，干空气和水蒸气的比热分别为 $1006 \text{J}/(\text{kg} \cdot \text{℃})$ 和 $1842 \text{J}/(\text{kg} \cdot \text{℃})$。

4.3.2 网格独立性分析

建立如图 4-1 所示的空气冷凝器数值模型，并划分网格数目为 8.0 万、15.9 万、31.9 万、53.1 万、88.5 万的 5 套网格系统，不同网格冷凝器表面水

蒸气冷凝速率的计算结果如图 4-2 所示。由图 4-2 可以看出，当网格数目不小于 53.1 万时，水蒸气冷凝速率的计算已经稳定，后续对空气冷凝器的数值研究均采用 53.1 万个的网格数目进行计算。

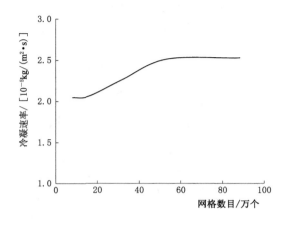

图 4-2　网格独立性分析

4.3.3　数值模型验证

为了验证数值模型的可靠性，建立与李成等（2011）相同的物理模型，并对比采用本章前述数值方法与参考文献的计算结果。如图 4-3 所示，本书数值模型计算的水蒸气冷凝速率与参考文献的结果基本吻合，因此本章建立的数学模型和采用数值计算方法是可靠的，可用于后续的数值研究工作中。

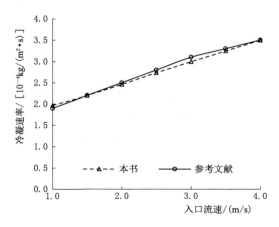

图 4-3　数值模型验证

4.4 本章小结

本章综合考虑了空气流动—对流传热—冷凝传质传热的耦合作用，基于空气运动控制方程和水蒸气冷凝模型建立了用于分析空气冷凝器节水特性的数学模型，并借助 Fluent 软件进行数值计算。构建数值模型时，通过自主编译的用户自定义函数，来反映空气冷凝器表面湿空气凝结过程中复杂的质量和能量变化。

通过与已有计算结果进行对比验证，结果表明本书给出的数学模型和数值方法是合理可靠的，后续内容将采用本章所述方法对空气冷凝器的节水特性展开数值研究。

第 5 章

空气冷凝器的数值研究

5.1 概述

本章将采用第 4 章阐述的数值方法对空气冷凝器的节水特性、换热特性和阻力特性展开研究。冷却空气—空气冷凝器—湿热空气的耦合流动和传热过程可概化为典型的三种方式：横流式（图 5-1）、顺流式（图 5-2）和逆流式（图 5-3）。后续研究围绕前述三种空气冷凝器，分析湿热空气的相对湿度及其流速、冷却空气流速和空气冷凝器的结构尺寸等因素的影响。

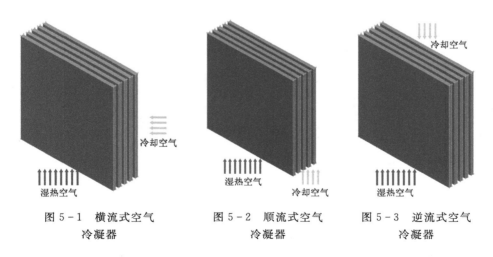

图 5-1　横流式空气　　　图 5-2　顺流式空气　　　图 5-3　逆流式空气
　　　冷凝器　　　　　　　　　冷凝器　　　　　　　　　冷凝器

本章以某自然通风冷却塔的实际进出塔空气特性作为输入资料（图 5-4），分别采用单位面积节水量、传热传质比（对流换热量与冷凝换热量的比值）和无量纲的阻力系数（压降与湿热空气入口动压的比值）分析空气冷凝器节水特性、换热特性和阻力特性。

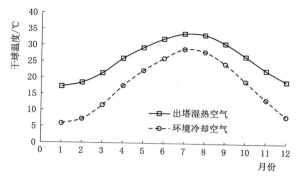

图 5-4 本章采用的空气特性参数

5.2 横流式空气冷凝器的研究

如图 5-5 所示，本节主要研究湿热空气的相对湿度及其流速、冷却空气流速、结构几何尺寸（长度 L、宽度 B 和高度 H）以及加工材质和壁厚等因素对横流式空气冷凝器节水特性、换热特性和阻力特性的影响。

5.2.1 湿热空气湿度的影响

为了研究湿热空气相对湿度对横流式空气冷凝器节水特性和换热特性的影响，固定以下参数不变：空气冷凝器的长×高×宽为 $1.0m \times 1.0m \times 30mm$，空气冷凝器的材质为 0.4mm 厚的铝，冷却空气流速为 2m/s，湿热空气流速 4m/s。

图 5-6 给出了全年范围内湿热空气与冷却空气间的温度差，以及不同相对湿度条件下的湿热空气含湿量。由图 5-6 可以看出，1—12 月，温度差呈先减后增的变化，最小值和最大值分别出现在 1 月（4.79℃）和 7 月（11.36℃）；而湿热空气含湿量呈先增后减的变化，最小值和最大值分别出现在 1 月和 7 月。由图 5-6 还可以看出，不同相对湿度的湿热空气含湿量在 7 月的差异最为显著。

图 5-7 和图 5-8 给出了横流式空气冷凝器在不同湿热空气相对湿度条件下的节水特性。图 5-7 给出了全年范围内横流式空

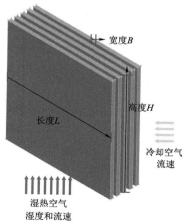

图 5-5 横流式空气冷凝器的影响因素

47

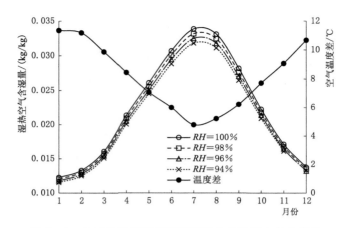

图 5-6 空气温度差和不同湿度条件的湿热空气含湿量

气冷凝器的单位面积节水量随湿热空气相对湿度的变化。由图 5-7 可以看出，不同湿度条件下，单位面积节水量在全年范围内的变化规律一致，并与空气温度差在全年范围内的变化相似；由于出塔空气含湿量变化的影响，单位面积节水量最大值和最小值分别出现在 2 月和 7 月。由图 5-7 还可以看出，单位面积节水量随着湿热空气相对湿度的降低而显著减小。

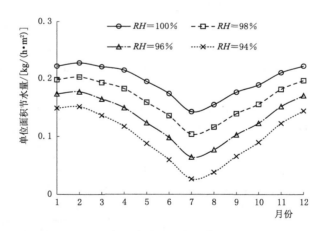

图 5-7 单位面积节水量随湿热空气相对湿度的变化
（横流式空气冷凝器）

图 5-8 给出了湿热空气非饱和状态下，横流式空气冷凝器单位面积节水量相对于饱和状态时的减小程度。由图 5-8 可以看出，1—12 月，节水量的减小率呈先增后减的变化，其中 7 月的节水量减小最大；当湿热空气湿度由 100% 降至 98% 时，节水量会减小 27%；当湿度由 100% 降至 96% 时，节水量

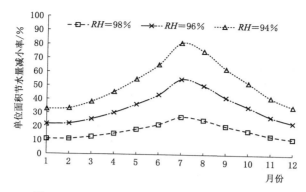

图 5-8 湿热空气非饱和状态的节水量减小率
（横流式空气冷凝器）

会减小 55%，当湿度由 100% 降至 94% 时，单位面积节水量会减小 81%。

图 5-9～图 5-11 给出了横流式空气冷凝器在不同湿热空气相对湿度条件下的换热特性。由图 5-9 可以看出，空气冷凝器表面的对流换热量随着湿热空气相对湿度的减小而稍显降低。由图 5-10 可以看出，空气冷凝器表面的冷凝换热量随着湿热空气相对湿度的减小而显著降低。由图 5-11 可以看出，空气冷凝器表面的传热传质比随着湿热空气相对湿度的减小而增大，且 7 月的变化尤为显著。

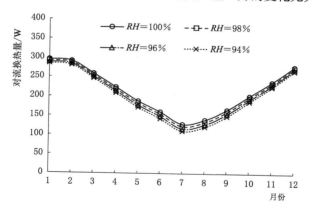

图 5-9 对流换热量随湿热空气湿度的变化（横流式空气冷凝器）

5.2.2 湿热空气流速的影响

为了分析湿热空气流速对横流式空气冷凝器节水特性和换热特性的影响，固定以下参数不变：空气冷凝器的长×高×宽为 1.0m×1.0m×30mm，空气冷凝器的材质为 0.4mm 铝，冷却空气流速为 2m/s，湿热空气相对湿度为 98%。

图 5-12 给出了湿热空气流速对横流式空气冷凝器节水特性的影响。由图

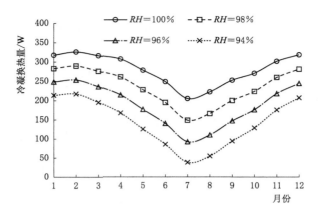

图 5-10　冷凝换热量随湿热空气湿度的变化（横流式空气冷凝器）

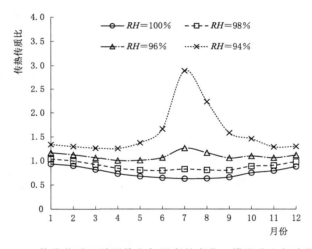

图 5-11　传热传质比随湿热空气湿度的变化（横流式空气冷凝器）

5-12 可以看出，当湿热空气流速较小时，单位面积节水量随湿热空气流速的增大而增大；当湿热空气流速高于其临界值时，单位面积节水量将保持不变。由图 5-12 还可以看出，当湿热与冷却空气的温度差越小（1 月＞7 月），其对应的临界速度越小。

　　图 5-13 和图 5-14 给出了湿热空气流速对横流式空气冷凝器换热特性的影响。由图 5-13 可以看出，当湿热空气流速小于 3m/s 时，随着流速的增大，冷凝器壁面的冷凝换热比对流换热增大的更为显著，故传热传质比减小；当湿热空气流速大于 3m/s 时，传热传质比变化不显著。由图 5-14 可以看出，随着湿热空气流速的增大，空气冷凝器壁面温度升高，且沿冷却空气流动方向的温度梯度减小。

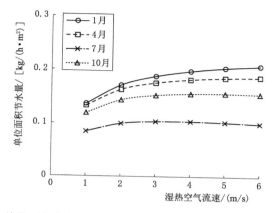

图 5-12 单位面积节水量随湿热空气流速的变化（横流式空气冷凝器）

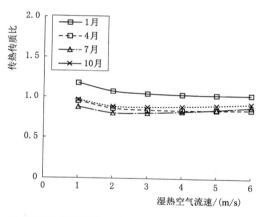

图 5-13 传热传质比随湿热空气流速的变化（横流式空气冷凝器）

5.2.3 冷却空气流速的影响

为了分析冷却空气流速对横流式空气冷凝器节水特性和换热特性的影响，固定以下参数不变：空气冷凝器的长×高×宽为 1.0m×1.0m×30mm，空气冷凝器的材质为 0.4mm 铝，湿热空气流速为 4m/s、相对湿度为 98%。

图 5-15 和图 5-16 给出了冷却空气流速对横流式空气冷凝器节水特性的影响。由图 5-15 可以看出，随着冷却空气流速的增大，单位面积节水量呈单调递增变化。由图 5-16 看出，单位面积节水量增大倍数随冷却空气流速增大倍数的变化率小于 1，故提高冷却空气流速并不能同比例的增大单位面积节水量，且单位面积节水量的增大效率随着冷却风速的增大而降低。

图 5-17 和图 5-18 给出了冷却空气流速对横流式空气冷凝器换热特性的

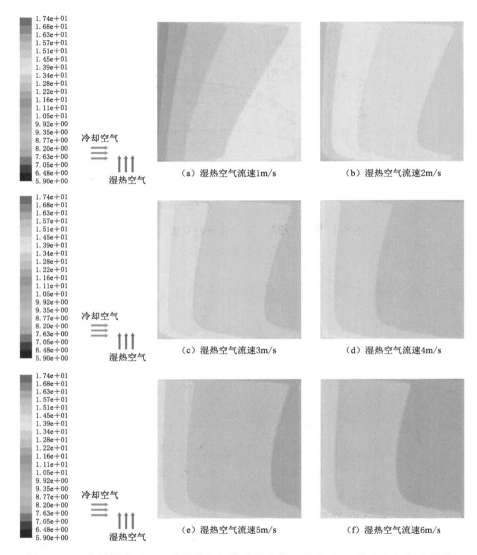

图 5-14 冷凝器壁面温度随湿热空气流速的变化（单位：℃，横流式空气冷凝器）

影响。由图 5-17 看出，传热传质比随着冷却空气流速的增大而略微减小，故对流换热和冷凝换热的变化程度基本一致。由图 5-18 看出，随着冷却空气流速的增大，空气冷凝器壁面温度显著降低，有助于水蒸气的冷凝回收。

5.2.4 空气冷凝器长度的影响

为了分析空气冷凝器长度对其节水特性、换热特性和阻力特性的影响，固定以下参数不变：空气冷凝器的高×宽为 1.0m×30mm，空气冷凝器的材质为

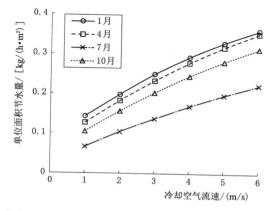

图 5-15 单位面积节水量随冷却空气流速的变化（横流式空气冷凝器）

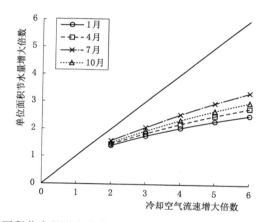

图 5-16 单位面积节水量增大倍数随冷却空气流速的变化（横流式空气冷凝器）

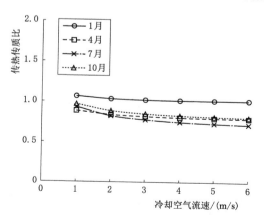

图 5-17 传热传质比随冷却空气流速的变化（横流式空气冷凝器）

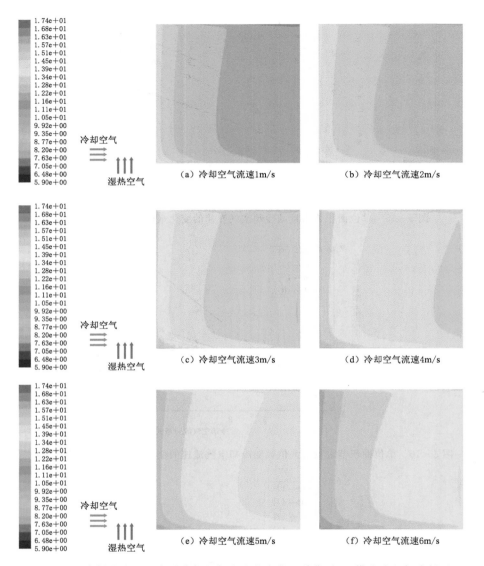

图 5-18　冷凝器壁面温度随冷却空气流速的变化（单位：℃，横流式空气冷凝器）

0.4mm 铝，湿热空气流速为 4m/s、相对湿度为 98%；冷却空气流速为 2m/s。

　　图 5-19 和图 5-20 给出了横流式空气冷凝器长度对其节水特性的影响。从图 5-19 可以看出，随着空气冷凝器长度的增大，单位面积节水量减小。图 5-20 表明单位面积节水量减小率随冷凝器长度的增加而增大，当空气冷凝器的长度增至 3 倍时，1 月和 7 月的单位面积节水量会分别减小 35% 和 46%。

　　图 5-21 和图 5-22 给出了空气冷凝器长度对其换热特性的影响。从图

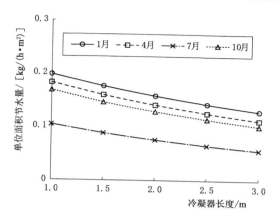

图 5-19　单位面积节水量随冷凝器长度的变化（横流式空气冷凝器）

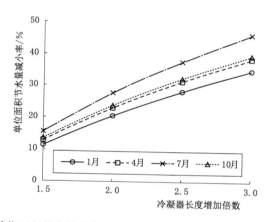

图 5-20　单位面积节水量减小率随冷凝器长度的变化（横流式空气冷凝器）

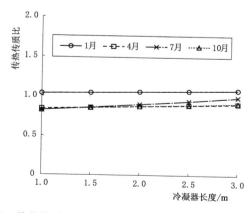

图 5-21　传热传质比随冷凝器长度的变化（横流式空气冷凝器）

5-21可以看出，随着冷凝器长度的增大，传热传质比变化不显著。由图5-22可以看出，空气冷凝器的壁面温度沿冷却空气流动方向逐渐增大，且冷凝器长度越大，冷凝器后端部的壁面温度越高，则对流换热和冷凝换热强度均会减弱。

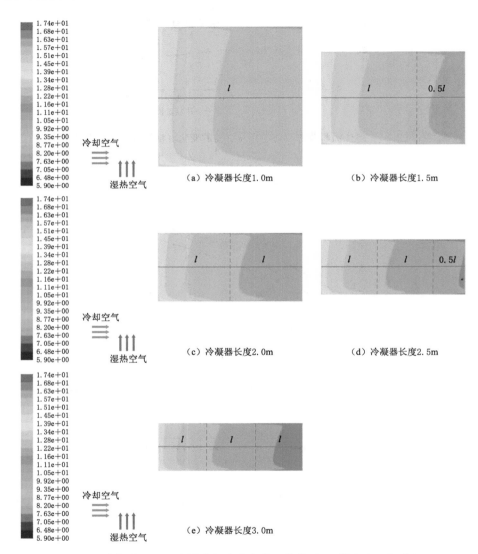

图 5-22　冷凝器壁面温度随其长度的变化（单位：℃，横流式空气冷凝器）

图 5-23 给出了空气冷凝器长度对其阻力特性的影响。从图 5-23 可以看出，冷凝器长度对其阻力系数没有影响。

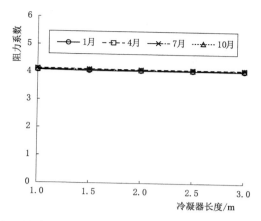

图 5-23　阻力系数随冷凝器长度的变化（横流式空气冷凝器）

5.2.5　空气冷凝器高度的影响

为了分析空气冷凝器高度对其节水特性、换热特性和阻力特性的影响，固定以下参数不变：空气冷凝器的长×宽为 1.0m×30mm；空气冷凝器的材质为 0.4mm 铝，湿热空气流速为 4m/s、相对湿度为 98%，冷却空气流速为 2m/s。

图 5-24 和图 5-25 给出了空气冷凝器高度对其节水特性的影响。由图 5-24 可以看出，单位面积节水量随着冷凝器高度的增大而减少。图 5-25 给出了单位面积节水量减小率的变化，结果表明单位面积节水量减小率随着冷凝器高度的增大而增大，当冷凝器高度增至 3 倍时，1月和7月的单位面积节水量分别减小 16% 和 22%。

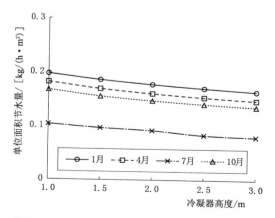

图 5-24　单位面积节水量随冷凝器高度的变化（横流式空气冷凝器）

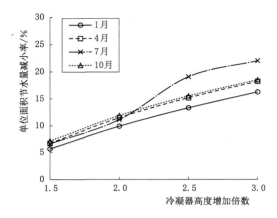

图 5-25　单位面积节水量减小率随冷凝器高度的变化（横流式空气冷凝器）

图 5-26 和图 5-27 给出了空气冷凝器高度对其换热特性的影响。由图 5-26 可以看出，随着冷凝器高度的增加，其壁面对流换热量的增大率高于冷凝换热，故传热传质比略微增大。由图 5-27 可以看出，冷凝器壁面温度沿冷却空气流动方向递增，而沿湿热空气流动方向递减，且随着冷凝器高度的增大，其顶部温度降低。

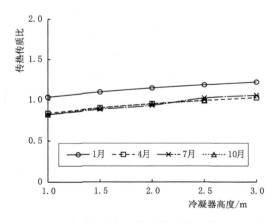

图 5-26　传热传质比随冷凝器高度的变化（横流式空气冷凝器）

图 5-28 给出了空气冷凝器高度对其阻力特性的影响。由图 5-28 可以看出，阻力系数随着冷凝器高度的增加而显著增大。

5.2.6　空气冷凝器宽度的影响

为了分析空气冷凝器宽度对其节水特性、换热特性和阻力特性的影响，固定以下参数不变：空气冷凝器的长×高为 1.0m×1.0m；空气冷凝器的材质为

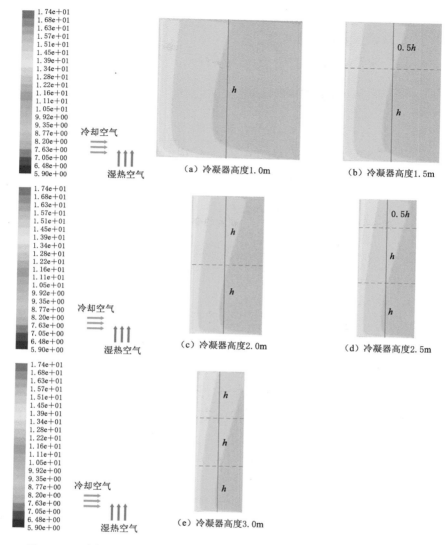

图 5-27 冷凝器壁面温度随其高度的变化（单位：℃，横流式空气冷凝器）

0.4mm 铝，湿热空气流速为 4m/s、相对湿度为 98%，冷却空气流速为 2m/s。

图 5-29 给出了冷凝器宽度对其节水特性的影响。从图 5-29 可以看出，单位面积节水量随着冷凝器宽度的增大而缓慢增大。但随着冷凝器宽度的增大，其单位体积内的有效节水面积会减小，结构整体的节水能力会降低。

图 5-30 和图 5-31 给出了冷凝器宽度对其换热特性的影响。从图 5-30 可以看出，随着冷凝器宽度的增大，传热传质比略微减小，冷凝器壁面的冷凝换热比对流换热变化更显著。由图 5-31 可以看出，随着冷凝器宽度的增大，

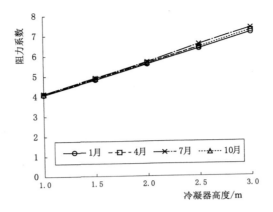

图 5 - 28 阻力系数随冷凝器高度的变化（横流式空气冷凝器）

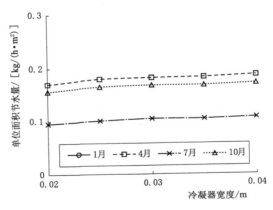

图 5 - 29 单位面积节水量随冷凝器宽度的变化（横流式空气冷凝器）

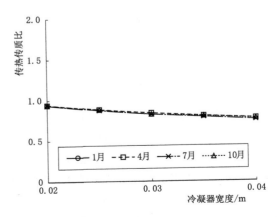

图 5 - 30 传热传质比随冷凝器宽度的变化（横流式空气冷凝器）

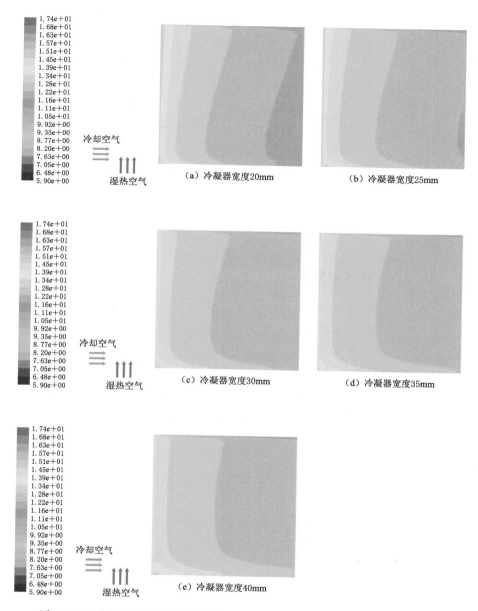

图 5-31 冷凝器壁面温度随其宽度的变化（单位：℃，横流式空气冷凝器）

其壁面温度降低，沿冷却空气流动方向的温度梯度减小。

图 5-32 给出了冷凝器宽度对其阻力特性的影响。由图 5-32 可以看出，随着冷凝器宽度增加，阻力系数减小。故实际采用空气冷凝器时，应综合考虑其节水能力和阻力特性选择合适的宽度。

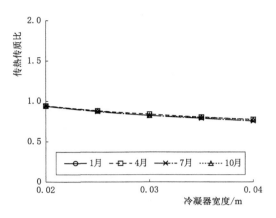

图 5-32　阻力系数随冷凝器宽度的变化（横流式空气冷凝器）

5.2.7　空气冷凝器材质和壁厚的影响

为了分析材质和壁厚对空气冷凝器节水特性和换热特性的影响，固定以下参数不变：空气冷凝器的长×高×宽为 1.0m×1.0m×30mm；冷却空气流速为 2m/s、湿热空气流速为 4m/s、相对湿度为 98％，空气冷凝器材质分别采用铜、铝、不锈钢和 PVC 材质，不同材料的相关参数见表 5-1。

表 5-1　　　　　　　　不同材料的导热系数、比热和密度表

材料名称	导热系数/[W/(m·℃)]	比热/[J/(kg·℃)]	密度/(kg/m³)
铝	202.40	871	2719
铜	387.60	381	8978
不锈钢	16.27	502	8030
PVC	0.16	980	1380

图 5-33 和图 5-34 分别给出了冷凝器材质和壁厚对其节水特性和换热特性的影响。由图 5-33 和图 5-34 可以看出，对于导热系数远大于空气的铜、铝和不锈钢等金属材质，单位面积节水量和传热传质比均不随材质和壁厚的变化而变化；对于 PVC 材质，随着冷凝器壁厚的增大，单位面积节水量会降低，而传热传质比变化不显著。当冷凝器壁厚为 1mm 时，采用 PVC 比采用铜的单位面积节水量低 9％，但相同体积的 PVC 比铜的重量减小 85％，而且 PVC 材料的价格远低于金属材料，故空气冷凝器采用 PVC 材料能够有效降低生产和安装成本。

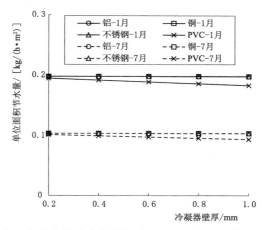

图 5-33　单位面积节水量随冷凝器材质和壁厚的变化（横流式空气冷凝器）

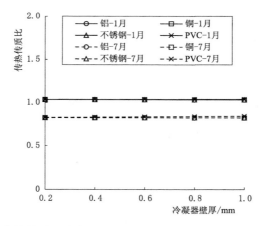

图 5-34　传热传质比随冷凝器材质和壁厚的变化（横流式空气冷凝器）

5.3　顺流式空气冷凝器的研究

如图 5-35 所示，本节主要研究湿热空气流速、冷却空气流速和冷凝器高度对顺流式空气冷凝器节水特性和换热特性的影响。

5.3.1　湿热空气流速的影响

为了分析湿热空气流速对空气冷凝器节水特性和换热特性的影响，固定以下参数不变：空气冷凝器的长×高×宽为 1.0m×1.0m×30mm，空气冷凝器的材质为 0.4mm 铝，冷却空气流速为 2m/s，湿热空气相对湿度为 98%。

图 5-36 给出了湿热空气流速对顺流式空气冷凝器节水特性的影响。

从图 5-36 可以看出，单位面积节水量随着湿热空气流速的增大而单调增加；由于湿热空气与冷却空气的温度差在 7 月取得最小值，此种运行条件下当湿热空气流速大于 4m/s 时，单位面积节水量不再随着湿热空气流速的变化而变化。

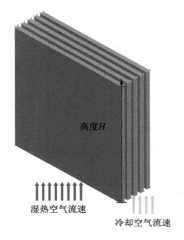

图 5-35　顺流式空气冷凝器
的影响因素

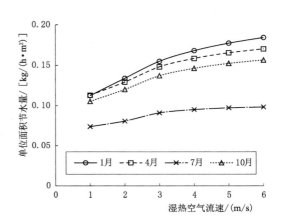

图 5-36　单位面积节水量随湿热空气
流速的变化（顺流式空气冷凝器）

图 5-37 和图 5-38 给出了湿热空气流速对顺流式空气冷凝器换热特性的影响。由图 5-37 可以看出，当湿热空气流速小于 4m/s 时，传热传质比随着湿热空气流速的增大而缓慢减小；当湿热空气流速较大时，传热传质比基本保持不变。由图 5-38 可以看出，空气冷凝器壁面温度沿冷却空气流动方向递增，且随着湿热空气流速的增大，壁面温度变化梯度减小。

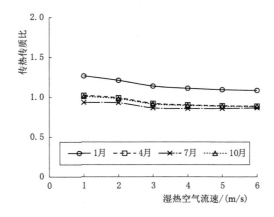

图 5-37　传热传质比随湿热空气流速的变化（顺流式空气冷凝器）

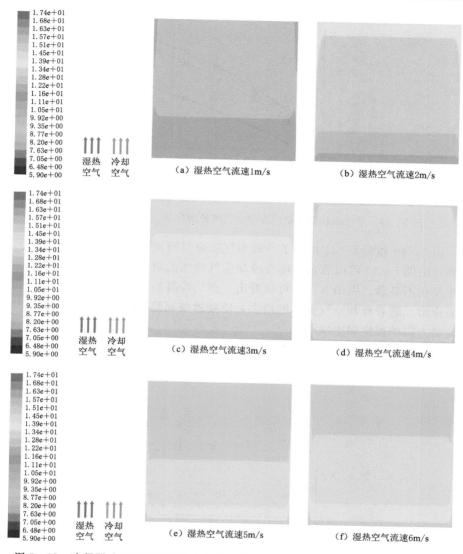

图 5-38　冷凝器壁面温度随湿热空气流速的变化（单位：℃，顺流式空气冷凝器）

5.3.2　冷却空气流速的影响

　　为了分析冷却空气流速对空气冷凝器节水特性和换热特性的影响，固定以下参数不变：空气冷凝器的长×高×宽为 1.0m×1.0m×30mm，空气冷凝器的材质为 0.4mm 铝，湿热空气流速为 4m/s、相对湿度为 98%。

　　图 5-39 给出了冷却空气流速对顺流式空气冷凝器节水特性的影响。由图 5-39 可以看出，单位面积节水量随着冷却空气流速显著增大。

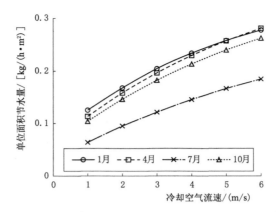

图 5 - 39　单位面积节水量随冷却空气流速的变化（顺流式空气冷凝器）

图 5 - 40 和图 5 - 41 给出了冷却空气流速对顺流式空气冷凝器换热特性的影响。由图 5 - 40 可以看出，随着冷却空气流速的增大，冷凝器壁面的传热传质比变化不显著。由图 5 - 41 可以看出，空气冷凝器壁面温度沿冷却空气流动方向递增，随着冷却空气流速的增大，冷凝器壁面温度显著降低，且沿冷却空气流动方向的温度梯度减小。

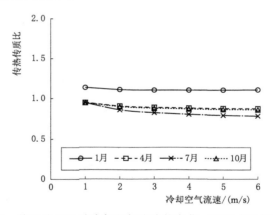

图 5 - 40　传热传质比随冷却空气流速的变化（顺流式空气冷凝器）

5.3.3　空气冷凝器高度的影响

为了分析空气冷凝器高度对其节水特性和换热特性的影响，固定以下参数不变：空气冷凝器的长×宽为 1.0m×30mm；空气冷凝器的材质为 0.4mm 铝，冷却空气流速为 2m/s，湿热空气流速为 4m/s、相对湿度为 98%。

图 5 - 42 和图 5 - 43 给出了空气冷凝器高度对其节水特性的影响。由图 5 - 42 可以看出，单位面积节水量随着冷凝器高度的增加而单调递减。由图

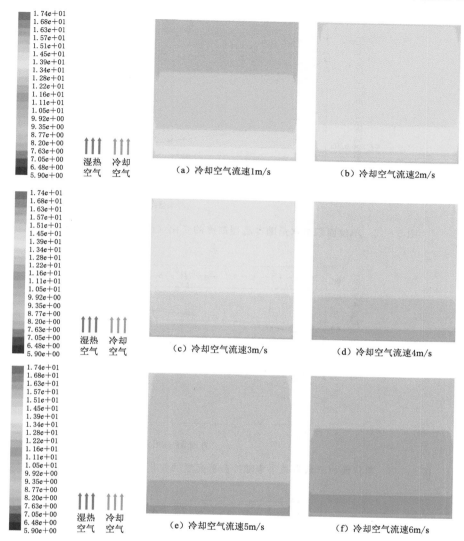

图 5-41 冷凝器壁面温度随冷却空气流速的变化（单位：℃，顺流式空气冷凝器）

5-43 可以看出，1 月的单位面积节水量减小率要低于 7 月，这表明湿热空气与冷却空气的温度差越小，由于冷凝器高度增加而使单位面积节水量减小的变化会更为显著；对于 1 月和 7 月的运行条件下，当冷凝器高度增至原来的 3 倍，其单位面积节水量分别减小 44％和 73％。

图 5-44 给出了空气冷凝器高度对其换热特性的影响。由图 5-44 可以看出，随着冷凝器高度增大，对流换热量的增大率高于冷凝换热，故传热传质比略微增大。

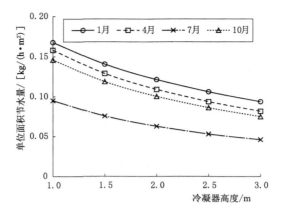

图 5-42　单位面积节水量随冷凝器高度的变化（顺流式空气冷凝器）

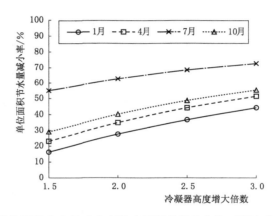

图 5-43　单位面积节水量减小率随冷凝器高度的变化（顺流式空气冷凝器）

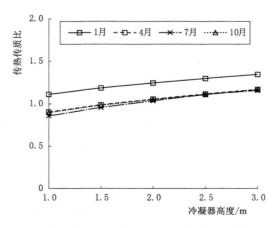

图 5-44　传热传质比随冷凝器高度的变化（顺流式空气冷凝器）

5.4 逆流式空气冷凝器的研究

如图 5-45 所示，本节主要研究湿热空气流速、冷却空气流速和冷凝器高度对逆流式空气冷凝器节水特性和换热特性的影响。

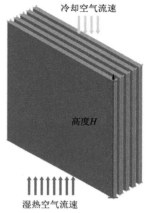

5.4.1 湿热空气流速的影响

为了分析湿热空气流速对逆流式空气冷凝器节水特性和换热特性的影响，固定以下参数不变：空气冷凝器的长×高×宽为 1.0m×1.0m×30mm，空气冷凝器的材质为 0.4mm 铝，冷却空气流速为 2m/s，湿热空气相对湿度为 98%。

图 5-46 给出了湿热空气流速对逆流式空气冷凝器节水特性的影响。由图 5-46 可以看出，单位面积节水量随湿热空气流速的增大而增大；在 7 月的运行条件下，当湿热空气流速大于 4m/s 时，单位面积节水量不再变化。

图 5-45　逆流式空气冷凝器的影响因素

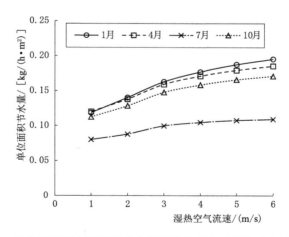

图 5-46　单位面积节水量随湿热空气流速的变化（逆流式空气冷凝器）

图 5-47 和图 5-48 给出了湿热空气流速对逆流式空气冷凝器换热特性的影响。由图 5-47 可以看出，当湿热空气流速小于 4m/s 时，传热传质比随着湿热空气流速的增大而缓慢减小；当湿热空气流速大于 4m/s 时，传热传质比

变化不显著。由图 5-48 中可以看出,冷凝器壁面温度沿冷却空气的流动方向
递增,且随着湿热空气流速的增大,壁面温度增大,而沿冷却空气流动方向的
温度梯度减小。

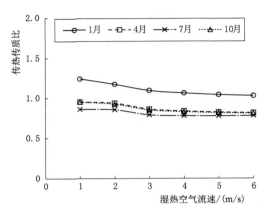

图 5-47　传热传质比随湿热空气流速的变化(逆流式空气冷凝器)

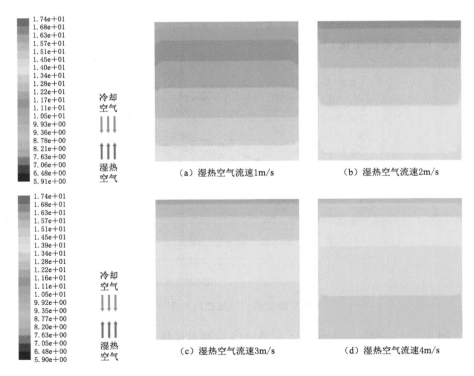

(a) 湿热空气流速 1m/s　　(b) 湿热空气流速 2m/s

(c) 湿热空气流速 3m/s　　(d) 湿热空气流速 4m/s

图 5-48(一)　冷凝器壁面温度随湿热空气流速的变化(单位:℃,逆流式空气冷凝器)

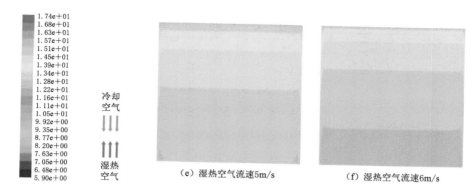

（e）湿热空气流速5m/s　　　　　　（f）湿热空气流速6m/s

图5-48（二）　冷凝器壁面温度随湿热空气流速的变化（单位：℃，逆流式空气冷凝器）

5.4.2 冷却空气流速的影响

为了分析冷却空气流速对空气冷凝器节水特性和换热特性的影响，固定以下参数不变：空气冷凝器的长×高×宽为 1.0m×1.0m×30mm，空气冷凝器的材质为 0.4mm 铝，湿热空气流速为 4m/s、相对湿度为 98%。

图5-49 给出了冷却空气流速对逆流式空气冷凝器节水特性的影响。由图 5-49 可以看出，随着冷却空气流速的增大，单位面积节水量显著增加。

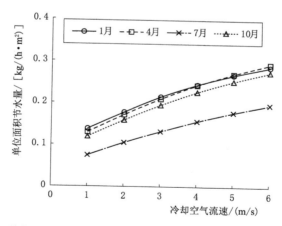

图5-49　单位面积节水量随冷却空气流速的变化（逆流式空气冷凝器）

图5-50 和图5-51 给出了冷却空气流速对逆流式空气冷凝器换热特性的影响。由图5-50 可以看出，随着冷却空气流速的增大，冷凝器表面的传热传质比变化不显著。由图5-51 可以看出，随着冷却空气流速增大，冷凝器壁面温度降低，且沿冷却空气流动方向的温度梯度减小。

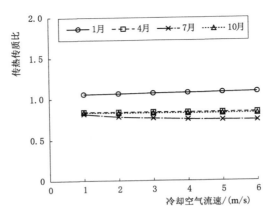

图 5-50 传热传质比随冷却空气流速的变化（逆流式空气冷凝器）

5.4.3 空气冷凝器高度的影响

为了分析逆流式空气冷凝器高度对其节水特性和换热特性的影响，固定以下参数不变：空气冷凝器的长×宽为 1.0m×30mm，空气冷凝器的材质为 0.4mm 铝，

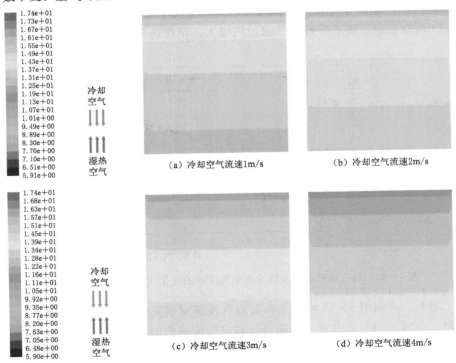

图 5-51（一） 冷凝器壁面温度随冷却空气流速的变化（单位：℃，逆流式空气冷凝器）

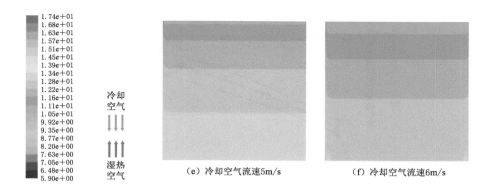

（e）冷却空气流速5m/s　　　　　（f）冷却空气流速6m/s

图5-51（二）　冷凝器壁面温度随冷却空气流速的变化（单位：℃，逆流式空气冷凝器）

冷却空气流速为2m/s，湿热空气流速为4m/s、相对湿度为98％。

　　图5-52和图5-53给出了空气冷凝器高度对逆流式空气冷凝器节水特性的影响。由图5-52可以看出，单位面积节水量随着冷凝器高度的增大而降低。由图5-53可以看出，随着冷凝器高度增大，单位面积节水量减小的越多，当冷凝器高度增至原来的3倍，1月和7月的单位面积节水量会分别降低39％和44％。

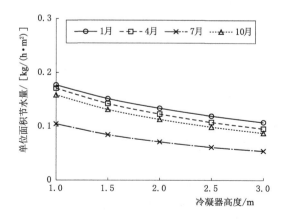

图5-52　单位面积节水量随冷凝器高度的变化（逆流式空气冷凝器）

　　图5-54给出了空气冷凝器高度对逆流式空气冷凝器换热特性的影响。由图5-54可以看出，随着冷凝器高度的增大，其表面的传热传质比略微增大。

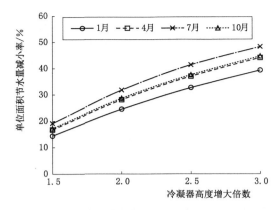

图 5 - 53　单位面积节水量减小率随冷凝器高度的变化（逆流式空气冷凝器）

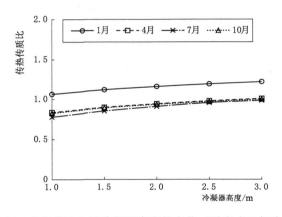

图 5 - 54　传热传质比随冷凝器高度的变化（逆流式空气冷凝器）

5.5　三种空气冷凝器的对比分析

　　图 5 - 55 给出了横流式、顺流式和逆流式空气冷凝器在全年运行条件下的节水特性，其中以下参数固定不变：空气冷凝器的长×高×宽为 1.0m×1.0m×30mm，空气冷凝器的材质为 0.4mm 铝，湿热空气流速为 4m/s、相对湿度为 98％；冷却空气流速为 2m/s。由图 5 - 55 可以看出，3 种结构形式的单位面积节水量在全年范围内的变化规律一致，即从 1 月到 12 月均呈先增后减再增加的变化规律，且单位面积节水量的最大值均出现在 2 月；由图 5 - 55 还可以看出在相同结构尺寸条件下，横流式布置的单位面积节水量最大、逆流式次之、顺流式最小。

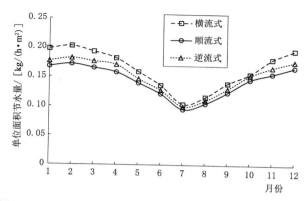

图 5-55 全年运行条件下三种空气冷凝器节水特性的对比

图 5-56 给出了横流式、顺流式和逆流式空气冷凝器在不同湿热空气流速条件下的节水特性，其中以下参数固定不变：空气冷凝器的长×高×宽为 1.0m×1.0m×30mm，空气冷凝器的材质为 0.4mm 铝，冷却空气温度为 5.90℃、流速为 2m/s，湿热空气温度为 17.26℃、相对湿度为 98%。由图 5-56 可以看出，单位面积节水量随湿热空气流速的变化规律，对于 3 种结构形式是一致的，其中顺流式和逆流式布置对于湿热空气流速的变化更为敏感，其曲线斜率大于横流式。

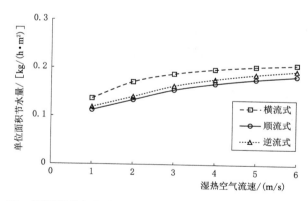

图 5-56 不同湿热空气流速条件下三种空气冷凝器节水特性的对比

图 5-57 给出了横流式、顺流式和逆流式空气冷凝器在不同冷却空气流速条件下的节水特性，其中以下参数固定不变：空气冷凝器的长×高×宽为 1.0m×1.0m×30mm，空气冷凝器的材质为 0.4mm 铝，冷却空气温度为 5.90℃，湿热空气流速为 4m/s、温度为 17.26℃，相对湿度为 98%；由图 5-57 可以看出，单位面积节水量随冷却空气流速的变化规律，对于 3 种结构形式是一致的，其中横流式布置对于冷却空气流速的变化更为敏感，其曲线斜率

大于顺流式和逆流式。

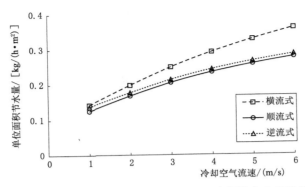

图 5-57　不同冷却空气流速条件下三种空气冷凝器节水特性的对比

　　图 5-58～图 5-60 给出了横流式、顺流式和逆流式空气冷凝器表面的水蒸气凝结量的分布，其中以下参数固定不变：空气冷凝器的长×高×宽为 1.0m×1.0m×30mm，空气冷凝器的材质为 0.4mm 铝，冷却空气温度为 5.90℃、流速为 2m/s；湿热空气温度为 17.26℃、相对湿度为 98%，流速为 4m/s。由图 5-58 可以看出，对于横流式空气冷凝器，冷却空气和湿热空气流动方向垂直，水蒸气凝结量沿两个流动方向均呈递减变化。由图 5-59 可以看出，对于逆流式空气冷凝器，冷却空气与湿热空气流动方向相反，水蒸气凝结量沿冷却空气流动方向呈先减后增的变化规律。由图 5-60 可以看出，对于顺流式空气冷凝器，冷却空气与湿热空气流动方向一致，水蒸气凝结量沿空气流动方向减小。对比 3 种结构的水蒸气凝结量，可以看出：水蒸气凝结量沿冷却空气流动方向的变化梯度存在差异，其中顺流式的凝结梯度最大、横流式次之、逆流式最小，横流式空气冷凝器表面的水蒸气凝结量最大、逆流式次之、顺流式最小。

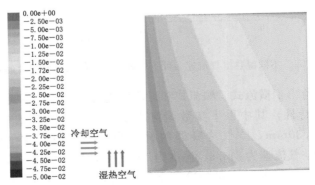

图 5-58　横流式空气冷凝器水蒸气凝结量的分布［单位：kg/(m³·s)］

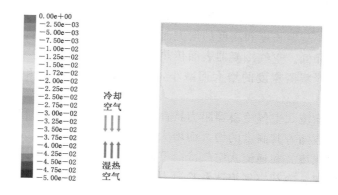

图 5-59 逆流式空气冷凝器水蒸气凝结量的分布 ［单位：$kg/(m^3 \cdot s)$］

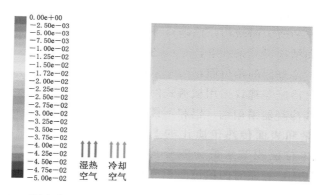

图 5-60 顺流式空气冷凝器水蒸气凝结量的分布 ［单位：$kg/(m^3 \cdot s)$］

5.6 本章小结

  本章首先将冷却空气—空气冷凝器—湿热空气的耦合流动和传热过程概化为典型的 3 种方式：横流式、顺流式和逆流式，并基于数值计算方法研究了三种空气冷凝器节水特性、换热特性和阻力特性，分析了湿热空气的相对湿度及其流速、冷却空气流速、空气冷凝器材质、几何尺寸等因素的影响，主要结论如下：

  （1）影响横流式空气冷凝器节水特性的主要因素包括湿热空气的湿度和流速、冷却空气流速、冷凝器的长度、宽度和高度。单位面积节水量随着湿热空气的相对湿度和速度、冷却空气流速以及冷凝器宽度的增大而增大，但随着冷凝器长度和高度的增大而减小。

  （2）影响横流式空气冷凝器换热特性的主要因素包括湿热空气的湿度和流

速、冷却空气流速、冷凝器的长度、宽度和高度。空气冷凝器壁面温度随着湿热空气流速、冷凝器长度和高度的增大而升高，但随着冷却空气流速和冷凝器宽度的增大而降低。空气冷凝器表面传热传质比随着湿热空气湿度和流速、冷却空气流速和冷凝器宽度的增大而减小，但随着冷凝器长度和高度的增大而增大。

（3）影响横流式空气冷凝器阻力特性的主要因素是其高度和宽度。空气冷凝器的阻力系数随着其高度的增大而增大，但随着其宽度的增大而减小。

（4）影响顺流式和逆流式空气冷凝器的节水特性和散热特性的主要因素包括湿热空气流速、冷却空气流速和冷凝器高度，且两种空气冷凝器具有相同的变化规律。单位面积节水量均随着湿热空气流速和冷却空气流速的增大而增大，但随着冷凝器高度的增大而减小；冷凝器壁面温度随着湿热空气流速的增大而增大，但随着冷却空气流速的增大而减小；传热传质比随着湿热空气流速和冷却空气流速的增大而减小，但随着冷凝器高度的增大而增大。

（5）在相同结构尺寸条件下，对比分析 3 种空气冷凝器的节水特性，结果表明横流式空气冷凝器的单位面积节水量最大、逆流式次之、顺流式最小。故工程实际中空气冷凝器建议采用横流式的流动和传热方式。

（6）当空气冷凝器采用铜、铝和不锈钢等金属材质时，其材质和壁厚对其单位面积节水量和表面传热传质比的变化影响不显著；当空气冷凝器采用 PVC 材质时，单位面积节水量会随着其壁厚的增大而略微减小；当壁厚为 1mm 时，采用 PVC 材质时的单位面积节水量会比铜降低 9%，但重量会减小 85%，且采用 PVC 材质的成本会显著降低，故空气冷凝器建议采用薄壁 PVC 材质加工制造。

第6章

结　论

本书采用模型试验和数值计算相结合的方法，对适用于自然通风湿式冷却塔的节水方法展开系统的研究，主要结论如下：

（1）在国内外研究成果的基础上，依据水蒸气的降温冷凝原理给出了适用于回收自然通风冷却塔蒸发损失的节水方法。为了有效回收蒸发损失且不影响自然通风冷却的正常运行，可以在自然通风冷却塔出口上方设置水冷型冷凝锥体、气冷型冷凝锥体和空气冷凝器。

（2）通过模型试验方法，对水冷型冷凝锥体、气冷型冷凝锥体和空气冷凝器的节水可行性展开了研究，研究结果表明水冷型冷凝锥体、气冷型冷凝锥体和空气冷凝器均可有效回收自然通风冷却塔的蒸发损失。试验研究结果还表明，提高节水方案的单位时间节水量和节水率的关键是增大冷凝面积；相比于冷凝锥体，空气冷凝器具有更大的冷凝面积，能够更有效地回收湿式冷却塔的蒸发损失，故空气冷凝器具有更广泛的工程实践意义。

（3）基于空气运动控制方程和水蒸气冷凝模型建立了用于分析空气冷凝器节水特性的数学模型，并借助 Fluent 软件进行数值计算。构建数值模型时，通过自主编译的用户自定义函数，来反映空气冷凝器表面湿空气凝结过程中复杂的质量和能量变化。通过与已有计算结果进行对比验证，结果表明本书给出的数学模型和数值方法是合理可靠的。

（4）将冷却空气—空气冷凝器—湿热空气的耦合流动和传热过程概化为典型的 3 种方式：横流式、顺流式和逆流式。基于数值计算方法研究了 3 种空气冷凝器结构的节水特性、换热特性和阻力特性，分析了湿热空气的相对湿度及其流速、冷却空气流速、空气冷凝器的材质、几何尺寸等因素的影响。研究结果表明：空气冷凝器的单位面积节水量随着湿热空气的相对湿度和流速、冷却空气流速以及冷凝器宽度的增大而增大，但随着冷凝器长度和高度的增大而减小；空气冷凝器的表面温度随着湿热空气流速、冷凝器长度和高度的增大而升高，但随着冷却空气流速和冷凝器宽度的增大而降低；空气冷凝器表面的传热传质比随着湿热空气的相对湿度和流速、冷却空气流速以及冷凝器宽度的增大而减小，但随着冷凝器长度和高度的增大而增大；空气冷凝器的阻力系数随着其高度的增大而增大，但随着其宽度的增大而减小。同时研究发现，当空气冷凝器采用铜、铝和不锈钢等金属材质时，其材质和壁厚对其单位面积节水量和表面传热传质比的变化影响不显著；当空气冷凝器采用 PVC 材质时，单位面积节水量会随着其壁厚的增大而略微减小；当壁厚为 1mm 时，采用 PVC 材质的单位面积节水量会比铜降低 9%，但重量会减小 85%，且采用 PVC 材质的成本会显著降低，故空气冷凝器建议采用薄壁 PVC 材质加工制造。通过对比 3 种空气冷凝器的节水特性，研究结果表明相同结构尺寸条件下，横流式空气冷凝器的单位面积节水量最大、逆流式次之、顺流式最小，故工程实际中空气冷凝器建议采用横流式的流动和传热方式。

但由于时间原因，本书仅讨论了薄壁矩形空气冷凝器的运行特性，还需进一步考虑其他结构形式，以及自然通风冷却塔与空气冷凝器之间的流动和热质耦合作用对其运行特性的影响，这是今后研究的重点。

参 考 文 献

蔡虹，吴加胜，吕尚策，2017. 工业冷却塔消雾节水新技术 [J]. 中国设备工程 (9)：119-121.

陈倡湘，2002. 火力发电厂节水的研究 [J]. 云南电力技术，30 (1)：17-21.

陈瑞，孙更生，孙浩然，等，2022. 侧风下分区配水对冷却塔性能的影响研究 [J]. 热力发电，51 (3)：36-42.

陈铁锋，胡少华，赵元宾，等，2021. 干湿联合冷却塔消雾节水特性的耦合研究 [J]. 中国电机工程学报，41 (1)：277-287，417.

陈学宏，孙奉仲，吕冬强，等，2020. 大型湿式冷却塔雨区水滴直径分布的现场试验 [J]. 中国电机工程学报，40 (13)：4219-4226.

丁尔谋，1992. 发电厂空冷技术 [M]. 北京：水利电力出版社.

董京甫. 冷却塔水蒸发损失减少的方法和实施该方法的装置：CN 200510077758.6 [P]. 2005-11-23.

高怀荣，2018. 降雾节水型冷却塔在榆林炼油厂的应用 [J]. 工业水处理，38 (4)：106-108.

韩玲，2008. 冷却塔设计参数与节水、节能的关系 [J]. 工业用水与废水，39 (2)：1-4.

何静，2014. 逆流式自然通风冷却塔及除水器节水研究 [D]. 昆明：昆明理工大学.

胡成强，2001. 浅谈冷却塔的节水措施 [J]. 化工设计，11 (6)：42-43.

胡少华，李陆军，吴襄竹，等，2019. 环境风对自然通风海水冷却塔的性能影响原型观测及分析 [J]. 中国水利水电科学研究院学报，17 (1)：45-50.

胡少华，高沙沙，刘忠超，等，2020. 干湿联合冷却塔冷却节水分析软件开发及应用 [J]. 化工进展，39 (S2)：447-453.

华冰，2005. 火电厂节水 [D]. 北京：华北电力大学.

黄德勇，杨宝红，王璟，等，2003. 废水在电厂循环水系统中的应用 [J]. 热力发电，32 (5)：58-60.

黄纪军，2014. 乙烯循环水横流式冷却塔消雾改造及消雾效果 [J]. 工业用水与废水，45 (2)：54-56.

贾力，彭晓峰，孙金栋，等，2000. 烟道气的冷凝传热与脱硫的实验研究 [J]. 应用基础与工程科学学报，8 (4)：387-393.

江宁，曹祖庆，2007. 影响汽轮机凝汽器真空主要因素作用分析 [J]. 热力透平，36 (4)：207-211.

李成，李俊明，王补宣，2011. 湿空气掠过竖直壁面的凝结换热研究 [J]. 哈尔滨工程大学学报，32 (5)：595-600.

李成，杜善明，王立新，等，2018. 浅析煤化工项目循环水冷却塔节水消雾改造 [J]. 神华科技 (3)：85-89.

李芳，王景刚，刘金荣，2005. 热管技术应用于冷却塔节水的理论分析 [C] //制冷空调新技术进展：446-450.

李建，2010. 大型自然通风冷却塔冬季水损及相关问题研究［D］. 南京：南京理工大学.

李岚，2005. 火力发电厂节约用水技术［D］. 哈尔滨：哈尔滨工业大学.

李胜利，2011. 燃气锅炉烟气中的水蒸气冷凝热回收技术［C］//中国工程院能源与矿业工程学部，上海市中国工程院院士咨询与学术活动中心，上海市能源研究会. 新形势下长三角能源面临的新挑战和新对策——第八届长三角能源论坛论文集：190-191.

李秀云，林万超，严俊杰，等，1997. 冷却塔的节能潜力分析［J］. 中国电力，(10)：34-36.

李雨薇，2015. 自然通风逆流湿式冷却塔流动传热及水损失规律的数值模拟研究［D］. 北京：北京交通大学.

梁双印，胡三高，周少祥，等，1996. 湿式冷却塔水损失的高压静电回收实验分析［J］. 现代电力(4)：59-64.

林宏，2002. 谈干湿混合式冷却塔节水技术［J］. 能源与环境(3)：17-20.

刘汝青，孙奉仲，陈友良，等，2007. 逆流湿式冷却塔节水技术探讨［J］. 电站系统工程，23 (6)：47-48.

刘汝青，2008. 自然通风逆流湿式冷却塔蒸发水损失研究［D］. 济南：山东大学.

吕扬，2009. 冷却塔水损失变化规律及节水方法的研究［D］. 济南：山东大学.

倪艳涛，王元华，孙一凡，等，2022. 湿式冷却塔节水消雾模块传热特性［J］. 化学工程，50 (2)：37-42.

宁康红，侯铁信，舒乃秋，等，2003. 基于高压电场的降低蒸发水水耗的方法［J］. 电力建设，24 (5)：59-60.

邱丽霞，郝艳红，李润林，等，2006. 直接空冷汽轮机及其热力系统［M］. 北京：中国电力出版社.

赛庆新，2015. 冷却塔节水消雾技术［J］. 化肥工业，42 (1)：49-52.

宋阳，2014. 节水环保冷却塔热力性能及运行模式研究［D］. 北京：清华大学.

唐敏，2019. 增设热虹吸管的逆流湿式冷却塔性能研究［D］. 北京：华北电力大学.

王德明，龙腾锐，宋长华，等，2010. 焦化厂节水改造及其节能效果分析［J］. 重庆大学学报，33 (1)：104-108.

王晶，2007. 浅谈 PVC 生产装置中循环冷却水冷却塔的节水措施［J］. 聚氯乙烯(5)：41-42.

王睿，2022. 湿式冷却塔热虹吸蒸发预冷与节水系统研究［D］. 济南：山东大学.

王天正，王佩璋，1995. 高压静电收水技术在冷却塔上的应用探讨［J］. 山西电力(2)：16-20.

王天正，王佩璋，1995. 自然通风冷却塔内加装高压静电吸浮收水装置的节水技术［J］. 中国电力(9)：65-67.

王为术，张斌，赵鹏飞，等，2015. 机械通风冷却塔水蒸气冷凝回收方法［J］. 低温与超导(6)：76-78.

王为术，高明，王明勇，等，2023. 冷却塔填料及非均匀配水协同优化研究［J］. 热力发电，52 (5)：100-106.

王雪莲，2013. 干湿联合冷却塔的设计及节水量的计算［D］. 吉林：东北电力大学.

王咏虹，王俊有，2008. 凝汽器真空度低的原因分析及节能改造［J］. 电力科学与工程，24 (2)：76-78.

温传美，刘雪东，马乾，等，2018. 增设板式换热单元的冷却塔除雾节水性能研究［J］. 暖通空调，48 (4)：108-113.

邬田华，王晓墨，许国良，等，2011. 工程传热学［M］. 武汉：华中科技大学出版社.

吴晓敏，姚奇，王维城，2007. 环保节水型冷却塔的研究［J］. 工程热物理学报，28（3）：502－504.

解明远，赵顺安，2018. 机械通风冷却塔风筒内流场数值模拟研究［J］. 中国水利水电科学研究院学报，16（3）：227－232.

辛文军，朱晴，李陆军，2023. 新型鼓风式机械通风冷却塔进风口阻力优化［J］. 中国水利水电科学研究院学报（中英文），21（1）：47－54，63.

邢茂华，2006. 湿冷与空冷系统技术经济性比较［J］. 内蒙古电力技术（S3）：15－17.

徐士民，白旭，蒋雪辉，等，2000. 发电厂空冷系统的特点和发展［J］. 汽轮机技术，42（3）：140－144.

许臻，李秀娟，杨宝红，等，2004. 生活污水在菏泽发电厂的应用［J］. 热力发电，33（6）：68－70.

杨昭，郁文红，吴志光，2004. 火力发电厂冷却塔除雾收水的热力学分析［J］. 天津大学学报：自然科学与工程技术版，37（9）：774－777.

余兴刚，宾谊沅，李旭，等，2021. 自然通风湿式冷却塔雨区阻力与变工况特性研究［J］. 热力发电，50（9）：112－118.

袁威，2021. 湿式冷却塔蒸发传质换热过程的主动抑制机制与节水研究［D］. 济南：山东大学.

曾德勇，李建玺，王蓉蓉，等，2004. 二级污水在火电厂循环冷却系统中的应用［J］. 热力发电，33（3）：55－57.

张炳文，王雪莲，2012. 新型干、湿联合冷却塔设计及节水量计算［J］. 热力发电，41（12）：55－57.

张东文，张宇阳，2016. 超大型自然通风冷却塔进风口区域阻力特性研究［J］. 中国水利水电科学研究院学报，14（5）：328－333.

张政清，王明勇，张德英，等，2022. 超大型湿式冷却塔干湿混合雨区正交优化研究［J］. 中国电机工程学报，42（22）：8224－8232.

张子倩，张早校，张强，2021. 干湿联合冷却系统技术发展现状及展望［J］. 化工进展，40（1）：21－30.

赵家敏，葛小玲，谷洪钦，2006. 节水措施在发电厂设计中的应用［J］. 山东电力技术（5）：49－51.

赵顺安，2006. 海水冷却塔［M］. 北京：中国水利水电出版社.

赵顺安，2015. 冷却塔工艺原理［M］. 北京：中国建筑工业出版社.

赵振国，1996. 冷却塔［M］. 北京：中国水利水电出版社.

周军，2016. 高效节水瘦高型自然通风冷却塔在燃机电厂中的应用［J］. 发电与空调，37（6）：25－28.

朱胤杰，张立，郭胜辉，等，2018. 基于离子风原理的冷却塔收水装置实验及设计［J］. 热力发电，47（6）：35－40.

BENEFIEL A，MAULBETSCH J S，DIFILIPPO M N，2005. Water Conservation Options for Wet - Cooled Power Plants［A］. CEC/EPRI Advanced Cooling Strategies/Technologies Conference［C］. Sacramento，California，USA.

COMINI G，SAVINO S，2007. Latent and sensible heat transfer in air - cooling applications

参考文献

[J]. International Journal of Numerical Methods for Heat and Fluid Flow, 17 (6): 608 – 617.

CONRADIE A E, KROGER D G, 1996. Performance evaluation of Dry – cooling system for power plant applications [J]. Applied Thermal Engineering, 16 (3): 219 – 232.

FLUENT Incorporated, 2003. FLUENT user's guide v6. 1 [M]. Lebanon: New Hampshire.

GHIAASSIAAN S M, 2008. Two – phase flow, boiling andcondensation [M]. New York: Cambridge University Press: 39 – 41.

HENKES R A W M, van der FLUGT F F, Hoogendoorn C J, 1991. Natural Convection Flow in a Square Cavity Calculated with Low – Reynolds – Number Turbulence Models [J]. International Journal of Heat and Mass Transfer, 34: 1543 – 1557.

LAUNDER B E, SPALDING D B, 1972. Lectures in Mathematical Models of Turbulence [M]. London: Academic Press.

LAUNDER B E, SPALDING D B, 1974. The numerical computation of turbulent flows [J]. Computer Methods in Applied Mechanics and Engineering, 3: 269 – 289.

MARTIN H J, MILLER G R, 1986. A zero discharge steam electric power generating station [J]. Journal AWWA, (5): 57 – 58.

PLAFALVI C, 1994. Indirect dry cooling towers system Heller in China [J]. Electricity – CSEE, 5 (1).

STRAUSS S D, 1991. Water management for reuse recycle [J]. Power. 135 (5): 16 – 18.

THRELKELD J L, 1970. Thermal environmental engineering [M]. Englewood Cliffs: Prentice – Hall: 263 – 267.